人生没你想象的那么糟糕

摆脱纠结人生的11种捷径

陈 廷 / 编著

Ren Sheng Mei Ni Xiang Xiang De

可能使我们懂的给自己一个微笑，
别为打翻的牛奶哭泣，就能活得潇洒自如。

中国華僑出版社

图书在版编目（CIP）数据

人生没你想象的那么糟糕：摆脱纠结人生的11种捷径 /陈廷编著.
—北京：中国华侨出版社，2012.4
ISBN 978-7-5113-2225-8

Ⅰ.①人…　Ⅱ.①陈…　Ⅲ.①人生哲学-通俗读物
Ⅳ.①B821-49

中国版本图书馆CIP数据核字（2012）第036743号

●人生没你想象的那么糟糕：摆脱纠结人生的11种捷径

编　　著/陈　廷
责任编辑/严晓慧
经　　销/新华书店
开　　本/710×1000毫米　1/16　印张15　字数200千字
版　　数/5001-10000
印　　刷/北京一鑫印务有限责任公司
版　　次/2013年5月第2版　2018年3月第2次印刷
书　　号/ISBN 978-7-5113-2225-8
定　　价/29.80元

中国华侨出版社　北京市朝阳区静安里26号通成达大厦3层　邮编100028
法律顾问：陈鹰律师事务所
编辑部：（010）64443056　64443979
发行部：（010）64443051　传真：64439708
网　址：www.oveaschin.com
e-mail：oveaschin@sina.com

前言

烦恼，人人都有，有人哭着过，有人笑着活，无非是因为他们看待人生的角度不同。其实，人生的悲欢喜乐，不过在我们的一念之间。当你决定放下，你真正失去的只有烦恼。人生所有的烦恼都源于放不下的执迷不悟。

我们活着，就不要让自己活在纠结之中。摆脱那些困扰你的苦难、名利、烦恼，去享受自然，追逐坦然，你会发现，其实人生并不像你想象中那么糟糕。给自己一个微笑，别为失去的牛奶哭泣，你就能活得潇洒自如。

人生或许不如你想象的那般如意，但真的，亦不像你想象中那般糟糕。当你能够乐观地看待世界之时，你就会发现：一花凋零，荒芜不了整个春天；一次挫折，也击败不了整个人生。有些时候，我们一分耕耘换不来一分收获，但十分耕耘必有收获。

所以，当你感到彷徨、迷惑、绝望之时，请大声对自己说：

苦难没有什么大不了，只要你想摆脱就一定能够将它甩掉！不如试着驯服自己内心的烦躁，洒脱地笑一笑，告诉自己——不是自己的就不要拼命追求；人生之中，总有一种美好是你专属的骄傲。

安贫乐道就好，每个人自有他的福气环绕，想得太多只会徒增烦恼。走在属于自己的路上，即便那只是一条平凡小道，终能通往幸福女神的怀抱。

微笑地活着就好，微笑的面孔、轻快的步调，连上帝见了都会忍不住叫好，为你驱赶烦恼！只有这样，生活才能妙趣横生、和美幸福，你才有可能获得意外的收获。

其实，人生远没你想象中那么糟糕，换个角度思考，纠结自然会少，若能每天为自己化解烦恼，幸福迟早前来报到。

目录

第一辑　天下无难事
——只要你肯做就有希望

天下本无难做事，恰恰是你的懦弱造成了它的难度；世上没有翻不过去的山，只要你肯攀登，就一定能够欣赏到山那边的风景。

第二辑　梅花香自苦寒来
——苦难只不过是一种历练

苦难并不可怕，可怕的是你在苦难面前俯首称臣。苦难只不过是一种历练，没有风雨的洗礼，你哪来彩虹一般的明天？

第三辑　是非成败转头空
——功名富贵由来不常存

功名富贵之下，上演多少尔虞我诈、世态炎凉！名利可以成就一个人，同样可以毁掉一个人，谁把名利当成主人，他就只能过着奴仆的生活。

第四辑 粗茶粝食亦果腹
——人穷同样能够很潇洒

谁都怕穷，但更怕的是心穷！再穷的日子，只要心还富足，就能活得很潇洒！做人，即使穷也要穷得像茶，苦中散发着一缕芬芳！

第五辑　得来失去皆有因
——人有一得则必有一失

这世间事，有得必有失，有失必有得，在你抓住事物的一面时，就意味着放弃了它的另一面。别再想着鱼与熊掌兼得，在得与失之间做出一个适合自己的选择。

第六辑　终是悠悠行路心
——普天下无不散之筵席

没人敢说爱是永恒的，它是一条流动的河，时时在变。若这条河始终沿着河道流淌，即便偶尔泛起小小波浪，也是我们的福气。若这条河执意要改变行道，那么请放任自流，你拦堵的结果，只会让暗流更加汹涌。

第七辑 人善终有扬眉吐气时
——螃蟹霸道能横行几时

俗语言“人善被人欺”，但恶人只能一时得志，终会得到报应，善人终会有扬眉吐气时。遇到恶人、受了欺负，不要就此否定世界，人在做，天在看，恶人自有恶报！恶人是有的，但社会还是好的，你且冷眼旁观，看他还能横行几时！

第八辑　完美可梦不可求
——残缺未尝不是一种福

谁一味追求完美，谁首先就不完美！不是吗？苛求完美的性格已经存在缺陷！收起你挑剔的目光，你会发现，残缺未尝不是一种福气。

第九辑　做事但求心无愧
——你不能让所有人满意

做到问心无愧代价不菲，只要做得对就是最大的安慰。不管是谁只活一回，对得起自己，也就不必说后悔。问天问地问心无愧，只要做得对不管有没有人陪。不管是谁只活一回，对得起自己，永远别问痛不痛、累不累。

第十辑　烦恼都是自找来
——勿自怨艾而为气所使

烦恼，人人都有。有人哭着过，有人笑着活，无非是因为他们看待生活的视角不同。其实，烦恼都是自找的，而人生远没你想象的那么糟糕。

第十一辑　柳暗花明又一村
——换个思路你就有出路

“人类失去想象，世界将会怎样?”当你遭遇重重障碍，甚至走进死路，不妨换个思路，或许你就能找到新的出路。要知道，人生只有死路，没有绝路!

第一辑

天下无难事
——只要你肯做就有希望

天下本无难做事，恰恰是你的懦弱造成了它的难度；世上没有翻不过去的山，只要你肯攀登，就一定能够欣赏到山那边的风景。

没有翻不过去的山

极限绝非不可逾越，不可逾越的只有你心中的那道坎。如果你想提升自己的价值，改变自己的生存环境，就必须努力去跨越这道坎。这样，你的人生才不会暗淡无光。

这世上，压根没有过不去的山，只要你肯攀登，就会有希望。这世间也没有所谓的极限，能不能突破，要看你自己。

一种成年章鱼的体重可达70磅（约32千克），如此一个庞然大物，却拥有极度柔韧的躯体，若是它愿意，几乎能够将自己塞进任何一个地方。

章鱼最喜欢的事情，莫过于藏身于海螺壳之中，待鱼虾靠近，突然发出致命一击——咬住它们的头部，瞬间注入毒液，然后美美地享用一顿。针对章鱼的天性，渔民们想出了一个绝招——他们用绳索将很多小瓶子串联在一起，投入海底。章鱼们一发现小瓶子，便趋之若鹜，最后成了渔民的“囚徒”。

事实上，将章鱼困住的并不是瓶子，而是它们自己。瓶子是死物，它不会主动去囚禁章鱼，反而是章鱼喜欢往狭小的洞口里钻，最终葬送了自己的性命。

现实生活中，很多人的思想正与章鱼一样，他们一旦遭遇瓶颈，只知道将自己困于瓶底，却不懂得去突破、去争取，久而久之，他们的思想越来越狭窄，逐渐失去了原有的光芒。

西方有句名言：“一个人的思想决定一个人的命运。不敢向高难度的工作挑战，是对自身潜能的束缚，只能使自己的无限潜能浪费在无谓的琐事之中。”

事实上，一个人只要勇于突破自己的心态瓶颈，突破极限约束的阻碍，成功就不会太远。

举重项目之一的挺举，曾经出现一种“500 磅（约 227 千克）瓶颈”的说法，也就是说，以人体极限而言，500 磅是很难超越的瓶颈。当时 499 磅纪录的保持者巴雷里比赛时所用的杠铃，由于工作人员失误，实际上已经超过了 500 磅。这个消息发布以后，世界上有六位举重好手，在一瞬间就举起了一直未能突破的 500 磅杠铃。

一位撑竿跳选手，苦练多年亦无法越过某一高度，他失望地对教练说：“我实在是跳不过去。”

教练问道：“你心里在想什么？”

他回答：“我一冲到起跳位置，看到那个高度，就觉得自己跳不过去。”

教练告诉他：“你一定可以跳过去。把你的心从竿上摔过去，你的身子也一定会跟着过去。”

他撑起竿又跳了一次，果然一举跃过。

心，可以超越困难、突破阻挠；心，可以粉碎障碍；心，最终必会达到你的期望。然而，成功的最大障碍，往往又是你的心！是你面对“不可能完成”的高度时，心为自己设定的瓶颈。

勇于向极限挑战，这是更好生存的基础。现实之中，很多人如你一样，虽然才华横溢、能力不俗，却具有一个致命弱点——缺乏挑战极限的勇气，只愿做人生中的“安全专家”。对于偶尔出现的“大障碍”、“大困难”，他们不会主动出击，而是觉得“不可能克服”，因而一躲再躲，畏缩不前。结果，终其一生也未能成事。

勇士与懦夫在世人心目中的地位，有着天壤之别。勇士受人尊崇，走到哪里都能闯出一片天地；懦夫遭人冷眼，不受欢迎，很难得到重用。一位企业老总在描述自己心目中的理想员工时，曾这样说道："我们所急需的人才，是有奋斗、进取精神，勇于向'不可能完成'的任务挑战的人。"可见，勇于向"瓶颈"挑战的人，如同"明星"一般，是人们争相抢夺的"珍品"。

在当今这个竞争激烈的大环境下，如果你一直以"安全专家"自居，不敢向自己的极限挑战，那么在与"勇士"的对抗中，就只能永远处于劣势。当你羡慕，甚至是忌妒那些成功人士之时，不妨静心想想他们为何能够取得成功。你要明白，他们的成功绝不是幸运，亦不是偶然。他们之所以有今天的成就，很大程度上，是因为他们敢于向"瓶颈"挑战。在纷扰复杂的社会上，若能秉持这一原则，不断磨砺自己的生存利器，不断寻求突破，你就能够占有一席之地。

渴望成功——这是每一个人的心声。若想实现自己的抱负，从现在开始，你就不能再躲避，更不要浪费大把的时间去设想最糟糕的结局，不断重复"不能完成"的念头，因为这等于是在预演失败。

想要从根本上克服这种障碍，走出"不可能"的阴影、跻身于上流社会，你必须拥有足够的自信，用信心支撑自己完成别人眼中"不可能完成"的事情。

当然，在灌输信心的同时，你必须了解其"不可能"的原因，看看自己是否具备驾驭能力，如果没有，先把自身功夫做足、做硬，"有了金刚钻，再揽瓷器活儿"。要知道，挑战"瓶颈"只会有两种结果——成功或是失败，而两者往往只是一念之差，这不可不慎。

命运并不可怕

命运并不可怕，怕的是向命运低头，怕的是白白浪费天分却仍不自知。那些自甘沉沦的朋友请及时醒悟，坚持努力，你就能主宰命运！

很多事情我们无法选择，譬如出身、譬如先天残疾、譬如疾病……但可以肯定的是，我们能够主宰自己的未来，只要信念不失，只要拥有顽强的精神和毅力，你就能够战胜一切苦难，成为生活中的强者，因为我命由我不由天！

鲁道夫出生在美国一个普通黑人家庭，出生时只有2公斤重，而后又得了肺炎、猩红热和小儿麻痹症，几乎夭折。因为家庭贫穷无法及时医治，从那时起，她的双腿肌肉逐渐萎缩，到4岁时，左腿已经完全不能动弹，这极大地刺伤了年幼的鲁道夫。

一转眼，鲁道夫已经6岁，该上学了。这时，鲁道夫再也忍受不住，她多么渴望自己能像其他小孩一样步入充满欢乐的校园啊。一天，她穿上特制的鞋子，独自下床。谁知脚刚一着地，就支撑不住了。然而，她并没有灰心，她咬紧牙，扶着椅子，将全部力气集中到双腿上……身子慢慢直了起来。接着，在家人的鼓励声中，她迈出了有生以来的第一步。

11岁那年，鲁道夫依旧不能正常走路，这使父母焦虑万分。后来母亲出了个主意，让她尝试着打篮球，以加强腿部肌肉力量。鲁道夫立刻迷上了这项运动，经过一个阶段的锻炼，奇迹出现了！她不但身体变得强壮起来，而且能够正常走路了，甚至还能够参加正常的篮球比赛。

一次，鲁道夫正在参加一场篮球比赛，恰巧被一个名叫 E. 斯普勒的田径教练发现，他觉得她有着超人的弹跳力和速度，就建议她改练短跑，并热情地鼓励她说："你是一只小羚羊，将来一定会成为世界短跑纪录创造者和奥运冠军。"

果然，在斯普勒的悉心教导下，鲁道夫迅速成长起来。在田纳西州，她成了全州女子短跑明星，开始在美国田坛崭露头角。在芝加哥举行的第三届泛美运动会上，鲁道夫与队友一同为美国队摘得了 4×100 米接力的金牌。

16 岁那年，她在美国参加墨尔本第十六届奥运会选拔赛时，又出人意料地以 24 秒 2 的成绩创造了 200 米跑的全国纪录。在墨尔本奥运会上她作为 4×100 米接力的一员，为美国队以 44 秒 9 赢得铜牌立了一功。这使鲁道夫欣喜若狂，也使她更加勤奋。

4 年之后，鲁道夫已成长为一个体型修长、面容姣美的姑娘。她两腿长得出奇，体型像个时装模特儿。由于她跑姿优美，动作协调，步幅大而轻松，弹跳有力，速度惊人，许多田径专家们惊叹：看鲁道夫赛跑，简直是一种美的享受，使人获得美的启迪。

1960 年 7 月 9 日在科珀斯·克里斯蒂，鲁道夫以 22 秒 9 的成绩，刷新了澳大利亚女运动员贝蒂·卡思伯特保持的女子 200 米跑的世界纪录，成为世界上第一位突破这一项目"23 秒大关"的女运动员。由于她跑得像羚羊一般的迅速，所以获得了"黑羚羊"的绰号。

罗马奥运会女子田径 100 米跑的预赛，鲁道夫起跑虽不算太快，但当她跑出 10~15 米以后，便风驰电掣般超越了对手。当时，世界各国的体育评论员已经看出，在罗马根本没有她的对手。果然，鲁道夫以 11 秒 3 平了女子 100 米跑的世界纪录，接着，在 100 米决赛时，她以 11 秒获得了金牌，可惜因风速（+2752 米/秒）超过规定，未被承认为世界纪录。

翌日，在200米跑的预赛中，鲁道夫再接再厉，以23秒2创造了女子200米跑的奥运会纪录；决赛中，她又以24秒的成绩获得了第二枚金牌，罗马及来自世界各地的观众均为她喝彩、为她所倾倒。

9月7日，鲁道夫作为美国4×100米接力跑的最后一棒队员参加角逐，她与队员同心协力，配合默契，以44秒4的成绩创造了世界纪录；9月8日，美国队在决赛中一马当先，4个人如火箭发射器那样，以强大的推动力，用44秒5的成绩独占鳌头。鲁道夫独得了3枚金灿灿的金牌！

鲁道夫以她的成绩向世人证明，纵使命运不公，但若有顽强的毅力、强大的自信，就足以成为生活的强者。

事实就是这样，命运根本打不倒你，就怕你自己打倒自己！

勇敢地迈出第一步

理想的现实化——这便是即将到来的时代的任务。不是从一堆从属于人生的盲目惰性的事实中，把理想演绎出来，也不是把理想转入理想的世界，过程恰恰相反：理想世界对物质世界的征服。

有了梦想就要积极地把它付诸行动，否则梦想就会变成空想。

古时候，在四川的深山里，有一座几乎无人问津的寺庙。寺庙里住着两个和尚，其中一个很贫穷，经常衣不蔽体，吃的也很简单，总是一副弱不禁风的样子；另一个和尚却很富有，穿着丝绸的衣服，吃着上等的斋饭，大腹便便，脸上油光可鉴。

当时，人们都认为南海是个佛教圣地，很多外地的和尚都把能去一次南海作为自己的人生理想。

穷和尚对富和尚说：“我打算去一趟南海，你觉得怎么样呀？”

富和尚不敢相信自己的耳朵，认真地打量着穷和尚，突然大笑了起来。

穷和尚被他笑得莫名其妙，便问道：“怎么了？你干吗笑？”

富和尚觉得不可思议：“我没有听错吧！你想去南海？你凭借什么东西去南海啊？”

穷和尚说：“我想带着一个水瓶、一个饭钵就够了。”

这一次富和尚笑得更厉害了，“去南海来回好几千里路，路上的艰难险阻多得很，可不是闹着玩的。我几年前就在作准备去南海了，等我准备好充足的粮食、医药、用具，再买上一条大船，找几个水手和保镖，就可以去南海了。你就凭着一个水瓶、一个饭钵怎么可能到达南海呢？还是算了吧，你简直就是白日做梦嘛。”

穷和尚不再与富和尚争执。第二天，富和尚却发现穷和尚不见了，原来，穷和尚一大早就带着一个水瓶、一个饭钵悄悄地离开寺庙，步行前往南海而去了。

就如富和尚说的一样，去南海的路非常遥远也很艰辛。但是，穷和尚早就作好了心理准备，一路上，遇到有水的地方就盛上一瓶水，遇到有人家的地方就去化斋。有时，一连几天都遇不上一户人家，他就忍饥挨饿。途中，有些地方是悬崖峭壁，有些地方野兽成群，有时狂风暴雨，有时大雪纷飞。穷和尚一路上尝尽了各种艰难困苦，很多次，他都被饿晕、冻僵、摔倒。但是，他一点也没想到过放弃，始终向着南海走去。

一年过去了，穷和尚终于成功到达了日思夜想的南海。

又过了几年，穷和尚从南海回来了，不仅带着他惯用的瓶钵，还带回了很多经书，由于在南海学到了高深的佛法，穷和尚很快便成为了一个德高望重的和尚。而那个富和尚却还在准备买大船呢，最终都没能成行！

富和尚的条件比穷和尚好多了，但是当穷和尚已经实现自己愿望的时候，富和尚却还在空谈。这个故事的道理其实很简单，即“说一尺不如行一寸”。

李雪是一个幸福的都市女孩，她的父亲是个成功的企业家，母亲则是一名大学教授。命运似乎特别宠爱她，除了良好的家庭背景外，又给了她一副漂亮的脸蛋和甜美的嗓音。李雪最大的理想是成为一名电台节目主持人，她相信自己有这方面的才干，因为她口齿伶俐，反应敏捷，既活泼又大方，她常对朋友说：“只要有人给我一次机会，我就一定会成功！”但她为自己的梦想做了些什么呢？其实什么也没有。她希望在自己逛街或别的什么时候被星探发现，要不然在某个场合碰上一个英明的节目制作人，她每天都在不切实际地期待着，然而奇迹一直也没有发生。因为谁也不会去请一个毫无经验的人去担任电台节目主持人，而且节目的主管也没兴趣跑到外面去搜罗天才。

另一个叫海林的女孩却实现了李雪的理想，成了一名著名的电台主持人。海林之所以会成功，就是因为她知道，世上没有天上掉馅饼的美事，所以不能坐在家里等机会出现。她一边在大学的舞台艺术系念夜校，一边想方设法在电台打零工，再苦再累也不计较，一年之后，她成功地赢得了主管的注意，并在电台选秀中脱颖而出。最开始海林只能播报天气预报之类的节目，但两年后她就获得了提升，成为了梦想已久的节目主持人。

梦想贵在身体力行，空谈坐等是什么事也做不成的。李雪拥有良好的条件，但却没能实现自己的梦想，这是因为只会幻想的人得不到真正的机会。生活中像李雪这样渴望天上掉馅饼的人并不少，这些人沉湎于梦想之中，希望有一天梦想能变成现实。但事实上，这些人永远不会实现梦想，原因很简单，光想不做只是空想，只有行动才能让梦想成真。人的梦想都是确定容易实现难，然而积极地采取行动，难的也会变容易。

心动不如行动，如果你有一个美丽的梦想，那就赶快行动起来吧！勇敢地迈出第一步，你就是在走向成功。

自助者天助之

我们每个人都是自己的上帝，只要我们怀着必胜的信念，牢牢握住命运的主宰权，那我们的愿望就一定会实现。若只知道乞求别人的帮助，期待天上掉下馅饼，你就永远也不会有成功的一天！

自助者天助，完全依赖别人帮你是可悲的，别人对你的帮助不能解决最终问题，若你对自己的问题也不卖力，总是等着别人帮忙，那你就会被全世界抛弃。任何时候，我们首先想到的应该是自助，其次才是求援。

某人在屋檐下躲雨，看见观音正撑着伞从路上走过。这人心念一动就请求说："观音菩萨，佛法不是讲普度众生吗？那度我一程如何？"观音说："我走在雨里，你躲在檐下，屋檐下没有雨，你又何需我度你呢？"这人听到观音这样说，立刻走出屋檐下，站在雨中："现在我也在雨中了，菩萨应该度我了吧？"

观音说："我还是不能度你！"

"为什么？"这人不明白地问。

观音解释说："你在雨中，我也在雨中，我没有被雨淋，是因为有伞；你被雨淋，是因为没有伞。所以不是我度自己，而是伞度我。你要想得度，不必找我，请自己找伞去！"

说完便走了，那个人在雨中被淋透了。

道理很简单，想要不淋雨就自己带伞，如果总想着依赖别人，到头来什么也不可能得到。

第二天，这人又遇到了难事，便去寺庙里求观音。走进庙里，才发现观音的像前也有一个人在拜，而那个人长得跟观音一模一样，丝毫都不差。这人问："您是观音吗？"那人答道："我正是观音！"这人又问："那您为何还拜自己呢？"观音笑着说："我也遇到了难事，但我知道求人不如求己。"

成功者自救，凡事得靠自己。而有些人却习惯于把希望甚至是自己的命运寄托在莫须有的事物或者别人身上，这与毫无胜算的赌局无异，最终只能自食其果。

杰克为农场主搬东西的时候，失手打碎了一个花瓶。农场主要杰克赔，杰克穷得常常吃不上饭，又哪里能赔得起。

杰克被逼无奈，只好去教堂向神父讨主意。神父说："听说有一种能将破碎的花瓶粘起来的技术，你不如去学这种技术，只要将农场主的花瓶粘得完好如初，不就可以了嘛。"杰克听了直摇头，说："哪里会有这样神奇的技术？将一个破花瓶粘得完好如初，这是不可能的。"神父说："这样吧，教堂后面有个石壁，上帝就待在那里，只要你对着石壁大声说话，上帝就会答应你的。"

于是，杰克来到石壁前，对石壁说："上帝请您助我，只要您帮助我，我相信我能将花瓶粘好。”话音刚落，上帝就回答了他：“你能将花瓶粘好。”于是杰克信心百倍，辞别神父，去学粘花瓶的技术去了。

一年以后，杰克通过认真地学习和不懈地努力，终于掌握了将破花瓶粘得天衣无缝的本领。他真的将那只破花瓶粘得像没破时一样，将它还给了农场主。他要感谢上帝。神父将他领到了那座石壁前，笑着说：“你不用感谢上帝，你要感谢就感谢你自己吧。其实这里根本就没有上帝，这块石壁只不过是块回音壁，你所听到的上帝的声音，其实就是你自己的声音。你就是你自己的上帝。”

当一个人没有依赖思想时，生命的力量就会完全地迸发出来，靠山山会倒，靠人人会跑，只有靠自己才能取得成功。

法国著名作家小仲马年轻时，寄出去的稿件接连碰壁，而这时他的父亲大仲马的名气如日中天。

有一天大仲马得知这种情况，便对儿子说：“如果你在投寄稿件时，附上一封信，就说你是我的儿子，情况或许会好多了。”

“不，我不能坐在你的肩头上摘苹果，这样摘来的苹果就没有味道了！”小仲马断然拒绝了父亲的提议。

面对一封封无情的退稿信，小仲马没有沮丧，终于在屡败屡战中写出了不朽的名著《茶花女》。法国文坛的评论家一致认为，这部作品的价值远远超过其父大仲马的代表作《基督山恩仇记》。小仲马终于靠自己的实力登上了文坛的顶峰，如果当年他接受了父亲的建议，那可能一辈子他都要在父亲的羽翼下生存，文坛上就可能不会留下他任何的足迹。

人的命运掌握在自己的手中，改变命运的不是借助外物或他人的权势，而是自己内心的力量——自信、智慧、勤奋等。

一勤天下无难事

纵览古今中外的成功人士，其成功的足迹无不洒满勤劳的汗水。我们每个人都能吟诵几句勤奋格言，或述说几个伟人的艰辛事迹，并为之感动和赞叹。但你一定会说我不是伟人，只能望洋兴叹。这种遗憾并非智力的失败，而是人格的失败。

天才出于勤奋，一个人若想有所作为，就必须具备一个特点，那就是勤劳。世上没有不付出就得到的好事，天才之所以成为天才，也不过是因为他们掌握了勤奋的法宝。

从前，有一个勤劳的老农夫，在临终时他希望懒惰的儿子们能够像他一样，辛勤地耕种田地，于是他叫儿子们来到床边，说："儿子们，在我的葡萄园里，有一个地方藏着一堆财宝！"说完就死了。他的儿子们立刻拿了铁铲铁锹等，挖遍了葡萄园。可是并没有找到什么财宝，但是葡萄树因为翻土而生长得很茂盛，有了很好的收获。

"天下没有不劳而获的事，只有勤奋耕耘才有好收获。"这位老农夫留给他懒惰儿子们的一段话，真胜过千万遗产。哪个人的成功不是因为辛勤耕耘？虽然辛勤耕耘不一定会有收获，但不耕耘却毫无收获。

既然大家都知道伟大的成功和辛勤的劳动是成正比的，但为什么渴望成功的人还没赶快行动起来呢？原因很简单，勤奋的前提是吃苦。

著名的数学家华罗庚先生生于江苏省金坛县一个贫苦家庭，只念过初中，20 岁时左腿因病致残。他不畏艰难，勤奋自学，终于走进了金碧辉煌的数学殿堂，被国际数学界公认为世界"绝对第一流的数学家”。

“天才在于积累，聪明在于勤奋”，这是华罗庚教授最喜欢的一句格言。他虽然聪明过人，但从不提及自己的天分，而把比聪明重要得多的“勤奋”与“积累”作为成功的钥匙，反复教育自己的学生，要他们学数学要做到“拳不离手，曲不离口”，经常锻炼自己。

而华罗庚教授的经历就是“勤奋出天才”的最佳范例。

1929年对于华罗庚来说，是生命旅程中最不寻常的年头。这年他得到了一份工作——在金坛县中学当会计兼做数学教员。这对初中毕业又无钱继续读书的华罗庚来说，实在是太难得了。不久，他又娶了一位秀丽端庄、勤劳贤惠的妻子吴筱元，全家人沉浸在欢乐之中。孰料想，几乎就在这同时，厄运也在悄悄向华罗庚逼近。

这一年，金坛县瘟疫流行。一天华罗庚下课回到家中，吃了两个汤圆，忽然觉得浑身发酸发冷，便支持不住，一头倒在床上。一测体温，竟然高达42℃。接着，华罗庚便昏迷不醒并且说胡话，全家人顿时乱作一团。

医生看过华罗庚的情况后摇了摇头，让吴筱元准备后事。死亡的判决书没有动摇一家人挽救他的决心。金坛县的医生无能为力了，他们便当了所有值钱的东西从别的地方请名医。就这样，请一个不行，再继续请另一个……

整整半年过去了。一天，华罗庚的左手小指头忽然肿起来了，然后又嚷左臂疼，接着是左边的半个身子、左腿疼得不能动弹。后来，疼痛倒是消失了，但疼痛部位的肌肉却都腐烂了。吴筱元便给他敷药，慢慢地伤口愈合了。经过妻子日日夜夜地精心照料，华罗庚的病情渐渐地好起来了。不过，由于伤寒病菌侵袭了他的关节，左腿关节粘连变形，弯曲了。年纪轻轻的华罗庚，就这样成了瘸子……

他拄着妻子为他找来的一根拐杖，迈着按他自己的话说是“圆和切线的运动”的艰难步履，开始了新的也是更漫长、更艰辛的人生之路。

病后的华罗庚，从妻子愁苦的面容、女儿饥饿的啼哭中，察觉出了家计的窘迫。于是，他拖着瘦骨嶙峋的身子，重新回到了学校。然而，屋漏偏逢连夜雨。不久竟有人向教育局告状，说校长任用没有学历的华罗庚做教员是个错误。校长为此愤然辞职离去，华罗庚的教员自然做不成了。好在新校长是位很通达的人，继续让他留在学校做会计。华罗庚一如既往，白天勤奋工作，晚上不顾残腿钻心的疼痛，在昏黄的灯光下遨游于数学的王国中，决心用“健全的头脑，代替不健全的双腿”。

功夫不负苦心人。1930 年的一天，华罗庚收到上海寄来的刚刚出版的《科学》杂志第 15 卷第 2 期。他急忙用颤抖的双手翻开，《苏家驹之代数的五次方程式解法不能成立之理由》的大标题和“华罗庚”三个字赫然映进他的眼帘，顿时热泪盈眶。

这是他病前写的一篇论文，也是他第一次发表的这篇论文，对他的命运产生了重要影响。不久，时任清华大学数学系主任熊庆来教授看到了这篇论文，如获至宝，立即四处寻问作者的身世经历。

1930 年秋天，华罗庚应邀来到清华大学数学系，当上了数学系的助理员。从此，华罗庚如鱼得水，更加勤奋。

后来华罗庚又经历了两次磨难，但他都凭着一股勤奋、努力、执著的精神，坚强地挺了过去。靠着勤奋，华罗庚从一个只有初中文化的青年成长成一代数学大师、教育家，所写名著《堆垒素数论》成为 20 世纪数学论著的经典。连爱因斯坦也写信说：“你此一发现，为今后数学界开了一个重要的源头。”华罗庚已经被芝加哥科学技术博物馆列为当今世界 88 个数学伟人之一。

辉煌来自于耕耘，有一分劳动就有一分收获，日积月累，从少到多，奇迹就可以创造出来。华罗庚只有初中的文化，最后却成长为第一流的数学家，可以想象得到，在这辉煌的光圈背后，华罗庚付出了多少辛苦。勤出成果、出智能，无数实践证明：唯有勤奋者才能得到成功。可以说，华罗庚之所以能成为第一流的数学家，就在于他比常人花更多的时间去学习。学习的时间越长，下的功夫越深，所学的也就越精。华罗庚不是天才，而是用勤奋换来了天才的称号。

人并非生下来就是天才或懦夫。所有的成功都是努力的结果，天才也需要后天的磨炼。生命不排斥努力，它需要辛勤的汗水来浇灌，只要勤奋就可以换来累累硕果。华罗庚的成功，不是方法的胜利，而是勤奋的功劳。对于一桩成功的事情来说，勤奋的功用实在是太默默无闻，太平实了，平实得就像大厦的桩基，重要而又潜隐，无声无息地驮起伟岸的形象和耀眼的华丽。但是，世人往往太过肤浅和势利，总是赞美伟岸，簇拥华丽，忘却平实。面对一座座摩天大楼，除了仰头而望外，有多少人会想到它的桩基，或者那些辛勤创造者呢。所以在生活中，渴望“空中楼阁”的人屡见不鲜。

中国著名的哲学家冯友兰先生认为，凡是能使某事最成功的方法就是最平实的方法。如果一个人想发财，最平常的方法，是去竭力经营。

胡适先生说过：“用血汗、苦功到了九十九分时，也许有一分的灵巧新花样出来，那就是创作了。颓废慵懒的人，痴待‘灵感’而来，是终无所成的。”可见，勤奋虽不是绝对成功的法宝，但也是走向成功最平实的大路。

中国有句俗话“一勤天下无难事”，只要你肯付出辛苦，只要你愿意不断刻苦学习，成功的大门就会向你敞开。

有了斗志就有希望

很多时候，并不是困难挡住了你前进的步伐，而是你丧失了斗志，就此低迷、一蹶不振，因此丧失了希望。

每个人心中都存有“斗志”，都希望有朝一日出人头地、光耀门楣，但为什么只有少数人能够成就梦想呢？从根本上讲，是因为这部分人的“斗志”要较一般人更为强烈，而且他们知道怎样去驱使自己的“斗志”。

战国时期的著名思想家、教育家墨子告诉后辈“志不强者智不达”。一个人能在人生中撰写怎样的文章，很大程度上要取决于他心中的“大纲”如何。“金鳞”的志向是“龙在九天”，所以它才能够“一遇风雨便成龙”，我们若想“扶摇直上九万里”，心中就一定要有一种超出别人的欲望，要秉持着强烈的斗志以及恒久的激情，不断地向目标冲刺。

“斗志”于人而言，一如飞机的引擎，只不过大多数人的引擎尚处于“熄火”状态，一旦引擎发动，且驾驶无误，你就会很快地一飞冲天。

浙江商界代表人物、吉利集团总裁李书福，一度频受挫折、饱尝歧视，但他从未熄灭心中的斗志。继成功开发出国内第一辆踏板摩托车以后，李书福乘胜再进，将业务拓展到汽车领域，凭借执著的追求和不断进取的精神，最终成为国内声明显著的民营企业家。

众所周知，汽车行业极具挑战性——竞争激烈、风险超高，而李书福进入该领域之初，启动资金仅有5亿多人民币，这对于充满世界级巨头的汽车行业而言，不免显得有些微不足道。况且，当时国家政策对民营企业还没有完全开放，李书福所面临的困难可想而知。

不过，李书福生来就有一种“撞南墙就要把墙推倒”的斗志，他经过摸索、分析，最终得出这样一条结论：国内汽车领域发展近20年来，从天津夏利到上海大众，从广州标致到别克、雅阁，排量越来越大，级别也越来越高。然而，对于中国老百姓而言，绝大多数人没有那么多钱，他们更需要价格在3~4万元之间的低端轿车。于是，李书福最终将目标放在了“百姓轿车”的开发上。他曾说道：“我会将价位定在3~4万元左右，只要成本低于别人，价格低于别人，而质量高于别人，就能薄利多销，我就有机会！”

就这样，在世纪之交，中国汽车领域闯进了一个“莽撞汉”，他“驾驶吉利”逆流而上，将死气沉沉的中国车市，搅得风云变幻。吉利汽车接连4次引发降价风暴，令许多知名品牌苦不堪言，一时间打击声、讨伐声、质疑声纷纷袭来，一位国企汽车行业老总甚至公开戏谑：“没有一不怕苦，二不怕死的精神，就别开吉利。”李书福顿时陷入了饱受非议的境地，吉利的年销售业绩，也仅有惨淡的几千辆而已。

不过，上天总是对那些“斗志昂扬”的人偏爱有加。中国入世以后，政府开放车价，夏利、奥拓相继推出3万元左右的低端轿车。这无疑为吉利做了一个免费的广告，老百姓终于明白了——原来3万元的轿车还是能够保证质量的。就此，吉利轿车的销售形势逐渐走好，2001年，吉利轿车全国销售业绩达到3万辆，李书福成功实现了扭亏转盈。

就是凭借着“不服输”的精神，李书福一步步将自己的梦想变成了现实。若干年来，他先后斩获中国青年改革家、十大明星企业家、新长征突击手、经营管理大师、中国汽车风云人物等多项荣誉，成为中国民营企业的先驱人物。

李书福的故事告诉我们：你为自己设定一个怎样的人生，你的人生就会成为什么样子。如果你一直怀揣客观、高远的梦想，并且为之奋斗不已，梦想很容易就会实现，因为成功往往更垂青于那些“斗志强盛”的人。

如果将“斗志”看做是成功的动力，那么毫无疑问，梦想就是“斗志”的导航，梦想是成就人生的一种积极力量，它可以激发出你体内无限的潜能。一个人若想斩获成功，不但要立长志，还要尽其所能地将志向放大。

开弓没有回头箭

再难的事情也怕坚持，只要肯坚持，太行、王屋可以移走，铁杵可以磨成绣花针……只要肯坚持，还有什么事情我们做不成？

要想生存，你就必须学着去适应这种变化，而不是因变化放弃自己的目标。在这个过程中，你可能会遇到很多困难，承受很大压力，但只要眼睛盯住前方，凭借坚韧的毅力，射出去的箭就一定可以正中靶心。

朱威廉出生在美国南加州，父母都是上海人，经营着一家中餐厅，在经过最初的艰苦之后，生活变得越来越富足。大学之时，朱威廉攻读的是法律，出于对警匪片的喜爱，他从小就立志要当一名警察。终于，在大学末期，他前往洛杉矶当了一年的警察。不过，父母觉得这一职业太过危险，非常担心他的安全，所以更希望他能够回家继承家业。

然而，朱威廉并不喜欢经营餐馆，他觉得这种工作太过枯燥，与自己向往的生活相去甚远。而且作为一个男人，在自己家中做事，完全没有自我价值的体现，没有独立的感觉。所以，虽然他为了不使父母担心而放弃了警察职业，但朱威廉始终没有同意经营餐馆。

当时，中国正处于高速发展时期，许多外商都选择在中国投资。于是，1994 年，朱威廉带着 3 万美金来到上海。他想得很天真，以为来了就可以成就一番大事业。可到了上海他才发现，自己的想法竟是如此幼稚——别人投资动辄几十万甚至几百万美金，而自己只有区区 3 万美金。而且，他一到上海就住在了高级宾馆中，每晚至少要花费 200 美金。半年之内，朱威廉连续搬家，从五星到四星、三星、两星、一星、没星，最后落魄到租住一间 20 多平方米的旧民房，连空调都没有安装。这时候，他的口袋里只剩下了几千块美金。

到了山穷水尽的时候，他也打过退堂鼓，觉得在中国做事业太难，人多，竞争也大。有一次，他都到了机场，甚至连行李也已办完托运。可坐在机场休息大厅里一想“就这么回去多没面子啊”！以前来自家餐厅吃饭的多是中国人，很多人都会大叫：“我要回中国做生意去了。”但过了三四个月，再回来以后，就什么都不说了，在朱威廉看来，这些人就像是夹着尾巴逃回来一样，往往成为大家的笑柄。如果就这样回去，那岂不是和他们一样了吗？这会被朋友笑死的！

于是，在飞机起飞前，朱威廉又决定重振旗鼓，从头开始，背水一战！

创业之初，他只有一个 15 平方米的办公室，一台从美国运来的苹果机，后来招聘了两名员工，有了一点小小的知名度。那时，朱威廉还亲自跑业务，并且一连做成了几笔小生意，有了成绩，他又在大学里招了几名员工。可是好景不长，他的业务经理挖了自家墙脚，将大部分员工带走另起炉灶。朱威廉的账户里就只剩下两三百元人民币了。这件事给了他很大刺激，同时也给予了他极强的动力，他越发努力起来。几年以后，他获得了“沪上直邮广告大王”的美誉，他的总公司设在上海，员工人数达90余名，此外，在北京、重庆，朱威廉又都设立了分公司。1997年，他的公司成功加盟世界上最大的广告集团。

刚到上海时，朱威廉觉得中国的人文环境与美国文化背景差异很大，总是和人沟通不到一起去，他几乎没有朋友。一个人很孤独。于是，朱威廉经常在网上写些东西，开始的时候，只是放到其他网站上，后来就想拥有一个属于自己的、比较安静的“地盘”，可以让大家都来真诚地写点东西，互相交流一下。在这种想法的驱使下，朱威廉开设了“榕树下”网站，他先把自己写的东西放上去，后来，“路过此地”的人也开始投稿。这些文章一开始都是先投到他的信箱中，由他编辑好后再放到网站上，这样就可以控制稿件的质量。开始时，每天只有一篇、两篇，后来越投越多，多到每天接近上百篇。这样一来，朱威廉一下班就得回家进行更新，根本没有时间处理其他事情。有一次，他去伦敦开会，在那里更新网站，结果花了一千多英镑。

长此以往不是办法，他决定成立一个编辑部。1999年1月，“榕树下”编辑部正式成立，设有十几位编辑，原来都是“榕树下”的作者。当时他做梦也没想到，“榕树下”后来会成为影响网络文学发展的一个重要网站。朱威廉以自己广告公司的赢利来养着“榕树下”，仅在最初的半年，开支就超过了百万元，但他并没有后悔，因为“榕树下”的点击率、访问人数在成倍增长，越来越多的人喜欢上了“榕树下”。

作家王安忆曾说道——“榕树下”是“前人栽树，后人乘凉”，这让朱威廉非常感动，或许这正是对他坚持理想的一个最大赞誉。

开弓没有回头箭，箭镞一旦射出，必然是有去无回。人生同样如此，迈出脚步以后，若发现路上设有障碍，不妨绕过去或是另辟蹊径，但绝对不能后退到原点，这是有理想、有抱负的年轻人，必须奉行的一种坚持！

行百里者半九十

“行百里者半九十”，最后那一段路往往是最难走的，在我们精疲力竭的情况下，即使一个小小的变故都可能把我们击倒，所以意志就显得格外重要。再坚持一下！因为胜利就来自于“再坚持一下”的努力中。

失败者常常是这样，开始的时候，凭着一股冲劲，雄心万丈，然而经过长途跋涉，精疲力竭，信心就开始动摇，对前途绝望，因此不能坚持到底，以致前功尽弃。

弗洛伦丝·查德威克因成为第一个成功横渡英吉利海峡的女性而闻名于世。在此两年后，她从卡德林那岛出发游向加利福尼亚海滩，想再创一项前无古人的纪录。

那天，海面浓雾弥漫，海水冰冷刺骨。在游了漫长的16个小时之后，她的嘴唇已冻得发紫，全身筋疲力尽而且一阵阵战栗。她抬头眺望远方，只见眼前雾霭茫茫，仿佛陆地离她还十分遥远。“现在还看不到海岸，看来这次无法游完全程了。”她这样想着，身体立刻就瘫软下来，甚至连再划一下水的力气都没有了。

“把我拖上去吧！”她对陪伴着她的小艇上的人说。

“咬咬牙，再坚持一下。只剩一英里远了。”艇上的人鼓励她。

“别骗我。如果只剩一英里，我就应该能看到海岸。把我拖上去，快，把我拖上去！”

于是，浑身瑟瑟发抖的查德威克被拖上了小艇。

小艇开足马力向前驶去。就在她裹紧毛毯喝了一杯热汤的工夫，褐色的海岸线就从浓雾中显现出来，她甚至都能隐隐约约地看到海滩上欢呼等待她的人群。到此时她才知道，艇上的人并没有骗她，她距成功确确实实只有一英里！她仰天长叹，懊悔自己没能咬咬牙再坚持一下。

一个人一旦确立了目标，不论它距离我们有多远，都应该坚持到最后。强者是坚持到最后的人，查德威克就失败在没能再坚持一下。

巴尔扎克说：“苦难对于一个天才是一块垫脚石，对于能干的人是一笔财富，而对于庸人却是一个万丈深渊。”坚强刚毅的性格和坚持到底的韧劲是强者区别于庸者的必要条件。在厄运面前不屈从，在困难面前不低头是英雄的表现。在生活的挫折和打击面前，垂头丧气，自暴自弃，丧失继续前进的勇气和信心，则是懦夫的行为。

凡事贵在坚持。正像减肥一样，你可能要忍受少吃、多运动的痛苦，还可能要忍受一时半日没有效果而造成的失望煎熬。但只要你认真地坚持下去，终有一天会发现你瘦了！

可是有些人却急于求成，在坚持了一段时日后，发现效果并不明显，便在即将大功告成之前恢复以前的生活方式，大吃大喝，运动衣裤更是束之高阁。

这种一曝十寒的做法，不要说减肥，无论是做任何事，都不会有成功的一天。不是说方法不对，而是行事的态度出了差错。

人往往都能在事业初期充满了奋斗的热情，保持旺盛的斗志，在这个阶段普通人与杰出的人是没有多少差别的。

然而往往到最后那一刻，顽强者与懈怠者便显示出了不同。前者咬牙坚持到胜利，后者则丧失信心放弃了努力，于是便得到了不同的结局。

哥伦布在他每天的航海日志上最后一句总是写着：“我们继续前进！”这句话看似平凡，实则包含无比的信心和毅力。就凭着这一股勇往直前的精神，他们向着茫茫不可知的前途挺进，横跨惊涛骇浪，历经蛮荒野地，克服了无限的艰难险阻，终于发现了新大陆，完成了历史上惊人的壮举。

许多失败者的悲剧，就在于被前进道路上的迷雾遮住了眼睛，他们不懂得忍耐一下，不懂得再跨前一步就会豁然开朗，结果在胜利到来之前的那一刻，自己打败了自己，因而也就失去了应有的荣誉。

不是难，而是精力太分散

毫无疑问，人人都想成功，但偏偏有些人忙来忙去还是一无所获。其实，不是他们没能力，也不是他们害怕吃苦，更不是因为目标太难，只是因为他们的目标太过分散，样样都想去做，又怎能样样都做好？

常言说“能成事者立长志，不成事者常立志”。在这个世界上，希望改变自身状况、希望事有所成的人比比皆是，但真正能够将这种欲望具体化为一个清晰的目标，并矢志不移地为之奋斗的人却很少，到头来，欲望终究只是欲望而已。

美国哈佛大学曾用时25年，以“目标对人生的影响”为内容，对一群各方面条件相差无几的大学生进行跟踪调查，结果发现：在这些年轻人中，有27%的人缺乏目标；有60%的人目标不够清晰；有10%的人有目标，且清晰，但只是短期目标；而只有3%的人，具有清晰的长期目标。

25 年以后，那 3% 的大学生几乎都成了社会精英，其中包括创业成功者、行业领袖等；10% 具有短期目标的人一直生活在社会中上层，生活相对惬意；60% 目标模糊者生活在社会中下层，衣食无忧，仅此而已；而 27% 没有目标者，则一直处于社会最底层，生活状况极不如意。

由此可见，目标对于人生具有极其重要的导向作用，人生成功与否，就在于你的选择，选择什么样的目标，就会拥有什么样的人生。

有这样一个故事：

一位名叫贾金斯的年轻人看到有人在钉栅栏，便走过去帮忙。钉了几下，他觉得木头不够整齐，于是便找来一把锯；据几下之后，他又觉得锯不够快，又去找锉刀；找到锉刀才发现，必须要给锉刀装上一个合适的手柄；这样一来，就免不了去砍棵小树；而要砍小树必须要把斧头磨快；要将斧头磨快，首先就要把磨石固定好；固定磨石要有支撑用的木板条，制作木条还需要木工用的长凳……贾金斯决定去求借所需要的工具，这一去就再也没回来。

贾金斯其人无论做什么都不能从一而终。他曾一心学习法语，但要完全掌握法语，必须对古法语有所了解，而要学好古法语，首先就要通晓拉丁语。

接下来贾金斯又发现，学好拉丁语的唯一方法，就是掌握梵文，于是他又将目标转向梵文。如此一来，真不知何年何月才能学会法语了。

贾金斯的祖上为他留下了一些财产，他从其中拿出 10 万美元创办煤气厂，但原材料——煤炭价格昂贵，令他入不敷出。于是，他以 9 万美元将煤气厂转让，继而投资煤矿。这时他又发现，煤矿开采设备耗资惊人。因此，他将煤矿变卖，获得 8 万美元，转投机器制造业……就这样，贾金斯在各相关工业领域进进出出，却始终一事无成。

他的情况越来越差，最后不得不卖掉仅存的股份，用来购买了一份逐年支取的养老金。然而，伴随着支取金额的逐年减少，他若是长命百岁，肯定还是不够用的。

贾金斯的失败在于，他的目标总是在不停地变动，如此一来，就不得不在各个目标之间疲于奔命，这样做除了空耗财力、物力，空耗时间与人生，还能有什么呢？

所谓“样样通样样松”“诸事平平，不如一事精通”，这是一种规律。戴尔·卡耐基在分析众多个人失败案例以后，得出这样一条结论——“年轻人事业失败的一个根本原因，就是精力太分散。”这是一个不争的事实，很多人生中的失败者，都曾在多个行业中滑进滑出。试想，倘若他们能够将精力集中在一点，在一个行业里孜孜不倦地奋斗10年、20年，又何愁不成为个中翘楚呢？

我行，坚信自己能成功

信心能够给予我们无穷的勇气与力量，在信心的激励下，以往那些看似难以企及的事情，都会变得胸有成竹。困难面前，告诉自己：“我行！”你就一定行。

一个女人若是认为自己不美丽，那么她注定只能做一个丑女；一个男人若是不认为自己才华横溢，那么他注定与庸人为伍；同样，一个人如果质疑自己的能力，那么他注定不会成功。

对自己缺乏基本的、适度的信心，在生活中就不可能具备刚毅、无畏的品质，就不可能充满激情、充满斗志地去追求自己的目标。这样的人，注定碌碌无为，他的生活甚至会举步维艰，又谈何幸福呢？

我们来做个假设：

倘若给你一个任务——每天销售3套时装，为期半个月，或许你会回答："这不是问题，我做得到。"但是，倘若要求你连续12年、平均每天销售6辆汽车呢？相信你肯定会摇头："这不可能！"

事实上这是可能的！"世界上最伟大的推销员"——乔·吉拉德先生，其职业生涯共计卖出汽车13001辆，而且均为一对一销售，他也因此创造了吉尼斯汽车销售纪录。

乔·吉拉德出生于美国大萧条时代，其父辈为西西里移民，家境贫寒。乔·吉拉德从9岁开始为人擦皮鞋，以贴补家用，但暴躁的父亲依然时常对他进行打骂，人们都很歧视他，认为他是个没用的"废物"。

这种情况下，他勉强读到高中便辍学了。父亲的打击、邻里的歧视，令他逐渐丧失了自信，他开始口吃起来。35岁以前，他更换过40份工作，甚至当过扒手、开过赌场，但终究一事无成，而且背负了巨额的债务。

难道真的如父亲所说，自己就是一个废物？乔·吉拉德似乎有些绝望。幸运的是，他有一位非常伟大的母亲，她时常鼓励乔·吉拉德："乔，你必须证明给你爸爸看，证明给所有人看，让他们知道你不是个废物，你能做得非常了不起！乔，人都是一样的，机会摆在每个人面前，就看你懂不懂得争取。乔，你绝不能气馁，你一定行！"

母亲的话给了乔·吉拉德很大鼓舞，使他重新恢复了自信，重新燃起了对成功的渴望，他在心中暗暗发誓：我一定要证明父亲错了！我一定行！为了克服口吃的毛病，他选择了从事销售行业，而且是极具挑战性的汽车销售。工作中，他一直坚持以诚信为本，谨守公平原则；工作方法上，他从不拘泥于"经验"，总是不断推陈出新，超越自我。

他的真诚、他的热情、他的别出心裁，赢得了客户的广泛青睐，他成功了！他从一个饱受歧视、一身债务、几乎走投无路的“废物”，一跃成为“世界上最伟大的销售员”！他被欧美商界誉为“能向任何人推销任何商品”的传奇人物，他所创下的纪录——连续12年，平均每天销售6辆汽车，迄今为止依然无人能够望其项背！而这一切，只源于最初的那一句：“我一定行！”

同样地，你也一定行！只要心中充满自信，相信成功一定不会遥远。

自信是成功的推动器，自信成就了一批批传奇人物。但是，自信绝不是英雄的专利，平凡人也需要自信，缺乏自信的人生必不完美，缺乏自信的人生不可能成功。

自信的反义词是自卑，它是一种心理缺陷，会阻挠人的潜能发挥，会妨碍希望的实现。据统计，世界上有2/3的人营养不良，只是程度不同而已；同样，世界上也有2/3的人患有“自卑症”，也只是程度不同而已。想要成功，你就必须驱赶自卑，重拾自信。请时刻记住那句话——我一定行！

第二辑

梅花香自苦寒来
——苦难只不过是一种历练

苦难并不可怕，可怕的是你在苦难面前俯首称臣。苦难只不过是一种历练，没有风雨的洗礼，你哪来彩虹一般的明天？

总有比你更惨的人

与痛苦共舞，我们才能看清造成痛苦来源的本质，明白内在真相。更重要的是，它能让我们学到该学的功课。

没有人生来就注定是个失败者，在人生这个竞技场上，能否超越自我，脱颖而出，关键要看你对于生活抱有一种什么样的态度，关键要看你怎样去经营自己的人生。那些只知怨天尤人、不思进取的人，将注定被淘汰。

事实上，这世界根本就没有过不去的坎，一时的失意绝不意味着失意一生。你要知道，在这个世界上，很多人远比你还要不幸！

有个穷困潦倒的销售员，每天都在抱怨自己“怀才不遇”，抱怨命运捉弄自己。

圣诞节前夕，家家户户热闹非凡，到处充满了节日的气氛。唯独他冷冷清清，独自一人坐在公园的长椅上回顾往事。去年的今天，他也是一个人，是靠酒精度过了圣诞节，没有新衣、没有新鞋，更别提新车、新房子了，他觉得自己就是这世界上最孤独、最倒霉的那一个人，他甚至为此产生过轻生的念头！

“唉，看来，今年我又要穿着这双旧鞋子过圣诞节了！”说着，他准备脱掉旧鞋子。这时，“倒霉”的销售员突然看到一个年轻人滑着轮椅从自己面前经过。他顿时醒悟：“我有鞋子穿是多么幸福！他连穿鞋子的机会都没有啊！”从此以后，推销员无论做什么都不再抱怨，他珍惜机会，发愤图强，力争上游。数年以后，推销员终于改变了自己的生活，他成了一名百万富翁。

很多人天生就有残缺，但他们从未对生活丧失信心，从不怨天尤人，他们自强自立、不屈不挠，最终战胜了命运。可有些人，生来五官端正，手脚齐全，但仍在抱怨生活、抱怨人生，相比之下，难道我们不感到羞愧吗？丢开抱怨，用行动去争取幸福，你要明白：纵然是一双旧鞋子，但穿在脚上仍是温暖、舒适的，因为这世界上还有人连穿鞋的机会都没有！

当然，在麻烦、苦难出现时，人总会感觉内心不安或是意志动摇，这是很正常的。面临这种情况时，就必须不断地自励自勉，鼓起勇气，信心百倍地去面对，这才是最正确的选择。

有一名叫做鲁奥吉的青年，他在 20 岁那年骑摩托车出事，腰部以下全部瘫痪。鲁奥吉在事后回忆说："瘫痪使我重生，过去我所有做的事都必须从头学习，就像穿衣、吃饭，这些都是锻炼，需要专注、意志力和耐心。"

鲁奥吉却以极积面对人生的态度声称，以前自己不过是个浑浑噩噩的加油站工人，整天无所事事，对人生没什么目标。车祸以后，他经历的乐趣反而更多，他去念了大学，并拿到语言学学位，他还替人做税务顾问，同时也是射箭与钓鱼的高手。他强调，如今，"学习"与"工作"是他所选择的最快乐的两件事。

的确，生命中收获最多的阶段，往往就是最难挨、最痛苦的时候，因为它迫使你重新检视反省，替你打开了内心世界，带来更清晰、更明确的方向。

要想生命尽在掌控之中是件非常困难的事情，但日积月累之后，经验能帮助你汇集出一股力量，让你愈来愈能在人生赌局中进出自如。很多灾难在时过境迁之后回头看它，会发现它并没有当初看来那么糟糕，这就是生命的成熟与锻炼。

是“炼狱”让他们更强大

刚毅拯救了尘俗边缘的灵魂，摒弃了世俗的舒适和安逸带来的贪恋、犹疑、怯懦，所有的困厄在其面前最终只能销声匿迹。

刚毅体现壮美，这种壮美势必扬弃盲目的追求和取舍，让思想更深刻、心灵更坚韧、品德更高尚。

自然而完美的高音，唯有帕瓦罗蒂！

他是一个从小生长在家境十分贫寒中的苦孩子，有一个做面食师的父亲，雪茄厂做工人的母亲，收入的微薄却从未动摇过一个孩子对歌唱的执著。

声乐课后的帕瓦罗蒂还要做每个月仅 8 美元的家教，这对他是杯水车薪。于是他又做保险，却又因此导致声带受损，无法发音。这对于他无异于雪上加霜。疾病几乎令他却步！但他的骨子里却一直涌动着顽强不息的斗志。

痊愈后的帕瓦罗蒂开始在意大利一家歌剧院演出。他备受排挤、压制，表演的机会少得可怜，但他始终没有放弃潜心苦练。1963 年世界著名指挥家冯·卡拉发现了这个人才。在 1970 年《军中女郎》的一个咏叹调，他以一连串爆发 9 个高音 C 的奇迹，征服了美国音乐人赫伯特·布莱斯林，同时也征服了世界。一个穷孩子成长为男高音歌唱家，靠的就是与困境进行顽强斗争的精神。

弥尔顿有句名言：“谁最能忍受苦难，谁的能力最强。”乘风破浪，顽强拼搏。苦难或许是上帝送给人最好的礼物，通过艰苦磨炼才会产生不屈不挠的人。

苦难往往是经过化妆的幸福。“黑暗并不可怕。”一位波斯圣哲说。苦难往往是令人心酸的，但是它是有益于身心的。不屈不挠的人是自信的，他的人生字典写满成功；不屈不挠的人是刚强的，他总有一个支撑自己的精神支柱。最高尚的品格是不屈不挠磨炼出来的，一颗坚韧而又刚毅的心灵从炼狱般的锻造所获取的要比从安逸享受产生的成功多得多。

同一种命运，对刚毅的人和懦弱的人会有不同的结局。懦弱的人屈从命运，刚毅的人用不屈不挠的精神改造命运，锻造人生。

莎莉·拉斐尔是美国著名的电视节目主持人，曾经两度获奖，在美国、加拿大和英国每天有 800 万观众收看她的节目。可是她在 30 年的职业生涯中，却曾被辞退 18 次。

刚开始，美国大陆的无线电台都认定女性主持不能吸引观众，因此没有一家愿意雇用她。她便迁到波多黎哥，苦练西班牙语。有一次，多米尼亚共和国发生暴乱事件，她想去采访，可通讯社拒绝她的申请，于是她自己凑够旅费飞到那里，采访后将报道卖给电台。

1981 年她被一家纽约电台辞退，无事可做的时候，她有了一个节目构想。虽然很多家广播公司觉得她的构想不错，但因为她是女性，还是没有公司愿意雇用她。最后她终于说服了一家公司，受到了雇用，但她只能在政治台主持节目。尽管她对政治不熟，但还是勇敢尝试。1982 年夏，她的节目终于开播。她充分发挥自己的长处，畅谈 7 月 4 日美国国庆对自己的意义，还请观众打来电话互动交流。令人想不到的是，节目很成功，观众非常喜欢她的主持方式，所以她很快成名了。

当别人问她成功的经验时，她发自内心地说：“我被人辞退了 18 次，本来大有可能被这些遭遇所吓退，做不成我想做的事情。结果相反，我让它们鞭策我前进。”

正是这种不屈不挠的性格使莎莉在逆境中避免了一蹶不振、默默无闻的一生，走向了成功。

困难的另一面——为人生助跑

困难可以将一个人击垮，也可以使一个人重新振作。这取决于你如何去看待和处理困难。

美国著名作家罗威尔曾说过："人世中不幸的事如同一把刀，它可以为我们所用，也可以把我们割伤。关键要看你握住的是刀刃还是刀柄。"

遇到困难时，如果握着"刀刃"，就会割到手；但是如果握住"刀柄"，就可以用来割东西。

在我们讨论处理困难之前，首先应该明白，人生中能够遇到困难，有很多是值得你高兴的事情。若没有了这些，人生就不成其为人生。虽然困境有其令人难以接受的一面，但它是人生成长及把握方向不可缺少的磨炼。

事实上，困境正是人生的标记之一，难题愈多，愈能显示它是人生的一部分。

在处理难题时，首先你必须要冷静，尽量沉着应对。如果你的内心无法保持冷静，就无法有效处理它。通常我们遇到难题时总是急躁不安，总是想着这些问题必须立刻解决，必须采取某些行动。然而当你心慌意乱时，想要找出理性的答案是不太可能的。你唯有平静下来，才能真正地面对难题，这才是理性的思考。

换句话说，你必须比所遇到的困难更高更壮。

积极心态的伟大功效之一是，它教导人们停止与自己对抗。事实上，很多人必须练习如何战胜自己。因为如果他们坚信自己无法处理自己的困境，那么他们已经被自己的心灵击败了。

很多杰出的领导人都遵循这条人生哲学，艾森豪威尔总统曾讲述他早年把自己的母亲看做是认识的人中最明智的人，她的明智来源于她的宗教信仰。她在家庭里制造出这种神奇的力量，而她就是这种力量的中心。

艾森豪威尔回忆说，有一天，一家人晚上玩牌，他埋怨自己手气不好。母亲突然停下，告诉他玩牌的时候要接受自己抓来的牌，并说明生活也是这样，上帝为每个人发牌，而你只能尽自己最大努力玩好自己的牌。

艾森豪威尔从来没有忘记过这条教诲，并且一直遵循它。

发明家爱迪生也是奉行这个法则的伟人，他也是一个坚毅、积极的思考者。他的儿子查尔斯·爱迪生在任新泽西州的州长时，曾讲述有关他父亲的一段精彩的故事。

一个不幸的晚上，西橘城规模庞大的爱迪生工厂遭大火，工厂几乎全毁了。那一晚，老爱迪生损失了200万美元，他许多精心的研究也付之一炬。更令人伤痛的是，他的工厂保险投资很少，每一块钱只保了一角钱，因为那些厂房是钢筋水泥所造，当时人们认为那是可以防火的。

查尔斯·爱迪生当时24岁，他的父亲已经67岁。当小爱迪生紧张地跑来跑去找他的父亲时，他发现父亲站在火场附近，满面通红，满头白发在寒风中飘扬。查尔斯说："我的心情很悲痛，他已经不再年轻，所有的心血毁于一旦，可是他一看到我却大叫：'查尔斯，你妈呢？'我说：'我不知道。'他又在叫：'快去找找，立刻找她来，她这一生不可能再看到这种场面了。'"

隔天一早，老爱迪生走过火场，看着所有的希望和梦想毁于一旦，却说："这场火灾绝对有价值。我们所有的过错，都随着火灾而毁灭。感谢上帝，我们可以从头做起。"三周后，也就是那场大火之后的21天，他制造了世界上第一部留声机。

也许由此我们应该领悟到：爱迪生能够成为伟大的发明家，不仅仅是因为他有过人的智慧和非凡的毅力，更重要的还在于他面对失败、困境的积极态度。他总是抓住困境的"刀柄"，让它为自己的人生和事业服务。

虽然，并不是每个人都能准确地把握住"刀柄"，但我们起码应该学会如何避免"刀刃"的伤害。

不经受苦难，生命难以圆满

努力锤炼性格的刚性，人人都可以走向成功，也只有这样才能更好地适应社会的发展，在充满竞争的社会中始终立于不败之地。

绝望与愁苦永远不能使心灵真正坚强，人生真正成熟。困厄中徘徊犹疑的人们，只有用钢铁般的性情隐忍地跋涉，才能让一切苦难在你面前黯然失色。心灵强大需要的是信仰和毅力，品味的不是惨淡苦笑的气息，而是超脱后的平静与安宁。

《哈利·波特》的作者罗琳女士，凭什么能够从一个穷困潦倒的小女子，一举成为身拥亿万文化产业的作家？——靠的就是刚毅。27岁那年，她备受重创：离异打击，经济窘迫，那时的她，跌入人生的谷底，失业、无收入、无积蓄，带着不满周岁的女儿……可她却没有就此屈服，硬是在最困苦潦倒的日子里写出了《哈利·波特与魔法石》，以后又写出第二部、第三部、第四部……结果，她凭此一举征服了全世界不同肤色的少年儿童。

成功者之所以成功，失败者之所以失败，原因就是骨子里是否有那种自强不息的刚毅。

“不经战斗的舍弃是虚伪的，不经劫难的超脱是轻佻的，逃避现实的明哲是卑怯的；中庸、苟且、小智小慧，是我们的致命伤。”不经受苦难的创痛，生命难以圆满；不克服人生的平庸，凡夫俗子难以成就完美灿烂的人生。刚性的人生弥漫着一种不折不扣的意志力，一种向命运抗争和挑战的精神，预示着对生命的征服。

生活中，很多人常常因为勇气不足，而主动放弃了对远大目标的追求。自叹“时运不济”，自认倒霉。在打击和磨难面前，仅仅停留于无休止的叹息，这只会削弱你和厄运抗争的意志，使你在无可奈何中消极地接受现实。

怨天尤人，诅咒命运，这又是一种态度。现实终归是现实，并不因为你埋怨和诅咒它而有所改变。从埋怨和诅咒中得到好处的人却从来没有。事实上在诅咒之中，真正受到伤害的并不是诅咒的对象，而只是诅咒者自身。

鲁迅说得好：“伟大的胸怀，应该表现出这样的气概——用笑脸来迎接悲惨的命运，用百倍的勇气来应付自己的不幸。”生活中遭遇到不幸的人，就应表现出鲁迅说的那种“伟大的胸怀”：以隐忍锻造刚性的人生，以刚毅的精神同厄运斗争。征服了厄运，你就会赢得命运的垂青。

客观世界不断地向前发展，社会不断地前进，因此每一个人都应该不断地加强自我，不断地更新自我。正如文天祥所说：“君子之所以进者，无法，天行而已矣。”

苏联火箭之父齐奥尔科夫斯基10岁时，染上了猩红热，持续几天的高烧，引起了严重的并发症，使他几乎完全丧失了听觉，成了半聋。他默默地承受着其他孩子的讥笑和无法继续上学的痛苦。他的父亲是个守林员，整天到处奔走。因此，教他读书写字的担子就落到妈妈身上。通过妈妈耐心细致的讲解和循循善诱的辅导，他进步得很快。可是当他正在充满信心地自学时，母亲却患病去世了，这突如其来的打击，使他陷入了极大的痛苦。他不明白，生活为何如此艰辛？为什么这么多的不幸都落到了他的头上？他今后该怎么办？父亲抚摸着他的头说："孩子，不要气馁，一定要有志气，靠自己的努力走下去！"是啊！学校不收，孩子们在嘲弄，今后只有靠自己了！

年幼的齐奥尔科夫斯基从此开始了真正的自学道路。他从小学课本、中学课本一直读到大学课本，自学了物理、化学、微积分、解析几何等课程。这样，一个耳聋的人，一个没有受过任何教授指导的人，一个从未进过中学和高等学府的人，由于始终如一地勤奋自学、刻苦钻研，终于使自己成了一个学识渊博的科学家，为火箭技术和星际航行奠定了理论基础。

这告诉人们，只有自强不息的人才能最终走向成功。

18世纪，天花这种可怕的瘟疫在欧洲和亚洲蔓延着。在英国，几乎每个人迟早都会传染上这种病，许多成年人的脸上和身上都有天花留下的难看的疤痕。成千上万的人由于病情严重而变成瞎子或疯子，每年死去的人不计其数。

免疫法的发现者英国的琴纳，当时还是位年轻的医师，他立志向天花宣战。他在家乡伯克利行医时，发现牧区挤奶女工从来不患天花。原来她们在挤牛奶时，无意中接触了患天花的奶牛的脓浆，传染上了牛痘，手上便长出了小脓疮。开始时稍感不适，但很快就好了，以后就再也不患天花了。琴纳由此产生了一个大胆的设想，用人工接种牛痘，预防天花。

在动物身上实验成功了，在人身上种牛痘会不会有危险呢？决心为人类解除天花危害的琴纳，决定拿自己的儿子作为人工接种牛痘的第一个试验者。这个想法马上招致了他的妻子、亲属和朋友们的反对，说他发疯了，这样会害死孩子的。琴纳忍受着亲友们的责难，果断地把痘浆种到了儿子的胳膊上。几天以后，儿子度过了微微的不适而安然无恙。两个月后，他又把天花病人身上的浓液种到了儿子的身上。忧虑难熬的日子，一天又一天、一个星期又一个星期地过去了。儿子一直没有被传染上天花。妻子的脸上露出了笑容，琴纳更是欣喜若狂。

但是，琴纳的研究不仅没有马上得到社会的承认，反而引起了一场轩然大波。教会散布言谈说，以牲畜的疾病来传染人是“亵渎上帝”的行为，“接种牛痘是魔鬼的诺言”。许多报纸鼓吹种了牛痘会使人身上长出牛角，发出尖利的声音，甚至耸人听闻地说，儿童种了牛痘，全身会长出牛毛，面孔会变成牛的模样，像牛一样咳嗽，眼睛像公牛一样斜着看东西。一些受了蛊惑的人，包围了琴纳家的房子，向屋内扔砖头，谩骂并拦截就诊的病人。

这时候，琴纳的妻子站了出来，坚定地支持丈夫的研究。她鼓励并随同丈夫到伦敦去请求著名科学家的帮助与支持。为宣传和推广牛痘接种法，使更多的人尽早免于疾病的折磨，她拿出了家里的积蓄，帮助琴纳出版了《接种牛痘的原因和效果的调查》。最后，真理终于战胜了邪恶，琴纳赢得了承认和称颂。

拥有刚性性格的人可以战胜一切艰难险阻，任何困难和挫折都不能阻止他们前进的脚步，忍受压力而不气馁，勇于知难而进，是最终成功的要素。

生命，需要在苦难中蜕变

我们都活在自己的希望当中，倘若真的有人无望地活着，那么只能说是一具行尸走肉。在现实生活中，很多人心理非常脆弱，一旦遭遇挫折或失败，就会感到无助与绝望，更有甚者甚至会丧失活下去的勇气。其实，只要我们能够在逆境中坚守希望，多半是会柳暗花明的。

世事本无常，我们随时都有可能遇到困厄和挫折。当你遇见生命中突如其来的困难时，都是怎么对待的呢？不要把自己禁锢在眼前的困苦中，眼光放远一点，当你看得见成功的未来远景时，便能走出困境，达到你梦想的目标。

我们的人生需要选择，我们的生命需要蜕变，每每苦难来袭，面临选择和放弃，我们都要有足够的勇气，改变自己，只有这样才能获得新生，才能铸就另一个辉煌！

据说老鹰是世界上寿命最长的鸟类，它的寿命可达70岁。但是如果想要活那么久，它就必须在40岁时作出困难却重要的抉择。

当老鹰活到40岁时，它的爪子开始老化，不能够牢牢地抓住猎物；它的喙变得又长又弯，几乎能碰到它的胸膛；它的翅膀也会变得十分沉重，因为它的羽毛长得又浓又厚，使它在飞翔的时候十分吃力。在这个时候，它是不会选择等死的，而是选择经过一个十分痛苦的过程来蜕变和更新，以便继续活下去。

这是一个漫长的过程：它需要经过150天的漫长锤炼，而且必须努力地飞到山顶，在悬崖的顶端筑巢，然后停留在那里不再飞翔。

首先，它要做的是用它的喙不断地击打岩石，直到旧喙完全脱落，然后经过一个漫长的过程，静静地等候新的喙长出来。之后，还要经历更为痛苦的过程：用新长出的喙把旧指甲一根一根地拔出来，当新的指甲长出来后，它们再把旧的羽毛一根一根地拔掉，等待5个月后长出新的羽毛。

这时候，老鹰才能重新开始飞翔，从此可以再过30年的岁月！

对于老鹰来说，这无疑是一段痛苦的经历，但正是因为不愿在安逸中死去，正是对30年新生岁月的向往，正是对脱胎换骨后得以重新翱翔于天际的憧憬，燃起了它对新生活的渴望和改变自己的决心。要想延长自己的生命，获得重生的机会，它选择了经受几个月的痛苦。我们不能不为老鹰的这种勇于改变的勇气所折服。

人生又何尝不是如此？面对癌症，是草草地结束自己的生命以避免遭受肉体和精神的折磨，还是积极地治疗，创造生命的奇迹？陷入困境，是听天由命，等待命运的宣判，还是放手一搏，冒险寻求可能的转机？工作平淡无奇，碌碌无为，是安于现状，享受现有的安逸，还是勇于改变，寻求属于自己的一片天地？

主宰自己，做自己的主人。沮丧的面容、苦闷的表情、恐惧的思想和焦虑的态度是你缺乏自制力的表现，是你弱点的表现，是你不能控制环境的表现。它们是你的敌人，你要坚决拒绝它们！

有一个富翁，在一次大生意中亏光了所有的钱，并且还欠下了债，他卖掉房子、汽车，还清了债务。

此刻，他已孤独一人，无儿无女，穷困潦倒，唯有一只心爱的猎狗和一本书与他相依为命、相依相随。在一个大雪纷飞的夜晚，他来到一座荒僻的村庄，找到一个避风的茅棚。他看到里面有一盏油灯，于是用身上仅存的一根火柴点燃了油灯，拿出书来准备读书。但是一阵风忽然把灯吹灭了，四周立刻漆黑一片。这位孤独的老人陷入了黑暗之中，对于人生感到无比的绝望，他甚至想到了结束自己的生命。但是，立在身边的猎狗给了他一丝慰藉，他无奈地叹了一口气，沉沉睡去。

第二天醒来，他忽然发现心爱的猎狗也被人杀死在门外。抚摸着这只如今仅有的、相依为命的猎狗，他突然决定要结束自己的生命——世间再没有什么值得留恋的了。于是，他最后扫视了一眼周围的一切。这时，他发现整个村庄都沉寂在一片可怕的寂静之中，他不由急步向前。啊，太可怕了！尸体！到处是尸体！一片狼藉。显然，这个村庄昨夜遭到了匪徒的洗劫，连一个活口也没留下来。

看到这可怕的场面，他不由心念急转——啊！我是这里唯一幸存的人，我一定要坚强地活下去。此时，一轮红日冉冉升起，照得四周一片光亮，他欣慰地想，我是这个世界上唯一的幸存者，我没有理由不珍惜自己。虽然我失去了心爱的猎狗，但是，我得到了生命，这才是人生最宝贵的。

老人怀着坚定的信念，迎着灿烂的太阳又出发了。

人生总有得意和失意的时候，一时的得意并不代表永久的得意；在一时失意的情况下，如果你不能把心态调整过来，就很难再有得意之时。

故事中的老人，在失意甚至绝望的状态下，重新寻回了希望，赶走了悲伤。这不能不说是他人生中的又一大转折。

联想到我们日常的生活和学习，遇到失意或悲伤的事情时，我们一样要学会调整自己的心态。如果你的演讲、你的考试和你的愿望没有获得成功；如果你曾经因为鲁莽而犯过错误；如果你曾经尴尬；如果你曾经失足；如果你被训斥和谩骂……那么请不要耿耿于怀。对这些事念念不忘，不但于事无补，还会占据你的快乐时光。抛弃它吧！把它们彻底赶出你的心灵。如果你的声誉遭到了毁坏，不要以为你永远得不到清白，怀着坚定的信念勇敢地走向前吧！

让担忧和焦虑、沉重和自私远离你；更要避免与愚蠢、虚假、错误、虚荣和肤浅为伍；还要勇敢地抵制使你失败的恶习以及使你堕落的念头，你会惊奇地发现，你人生之旅是多么轻松、自由！

走出阴影，沐浴在明媚的阳光中。不管过去的一切多么痛苦、多么顽固，把它们抛到九霄云外。不要让担忧、恐惧、焦虑和遗憾消耗你的精力。把你的精力投入到未来的创造中去吧！

请记住：心若在，梦就在！

刀靠石磨，人靠事磨

命运本非天定，成败自在人为。每个人都有可能走入人生的低谷，如果只是一味地消极，一味地怨天尤人而不去与命运抗争，那么你就永远不会有生命的春天。

坚韧是一种刚强，坚韧是一种体现生命弹性的品格，坚韧是一种性格的魅力，坚韧是在坚持中体现出的一种韧性，它显得更理性，更富有张力。

具有坚韧性格的人是明知不可为而为之、是夹缝里求生存、是明知山有虎偏向虎山行的人。坚是一种特性，坚不可摧就是此意。老子说：“兵强则灭，木强则折。”因此只有坚是不行的，还得有韧，韧是顽强的意志力和超强的忍耐力。具有坚韧性格的人是无敌的，这种人做事专一，永不会放弃，不屈不挠，不达目的誓不罢休。这种性格的人无论从事什么职业都会成功，因为他们决不轻言放弃。

爱迪生是个天才，他有着普通人无法企及的天赋，但正像他自己所说的："天才是98%的汗水加上2%的灵感。"爱迪生的一生是传奇的，他坚韧的性格、锲而不舍的努力造就了他辉煌的事业。他一生共有发明2000多项，被称为"发明大王"。爱迪生从小就有着超强的好奇心，对什么事都想知道其背后的原因，不仅如此，对什么事情他都想自己动手尝试一下。爱迪生研制电报机的时候，有时一个星期也不离开实验室。饿了啃几口面包，渴了喝几口清水，废寝忘食地工作，甚至置自己的新婚妻子于不顾，专注于他的研制工作。他发明电灯的过程更是突出表现了他坚韧的性格。在进入实验之前，他在电灯方面建立了3000多种理论，每一种理论似乎都可能变成现实。他锲而不舍地一一进行实验，最终确定只有两种理论可以行得通。他是一个工作狂，只要进入他的实验室、进入他的工厂，他就忘记了身边的一切。

有的人遭遇到挫折或不幸时，就会怨天尤人，哀叹自己命不好，或认为一切都是命中注定的。其实，真正主宰命运的是自己，而不是其冥冥中的命运，坚强人物前行的步伐绝对不会被任何东西所阻挡。

音乐家贝多芬一生遭到了数不清的磨难，贫困几乎逼得他行乞；失恋、耳聋，几乎毁掉了他的事业。可是，贝多芬并未一蹶不振，而是向命运挑战！在他两耳失聪、生活最悲惨的时候写出了他的最伟大的乐曲。正如他给一位公爵的信中所说："你之所以成为公爵，只是由于幸运的出身；而我成为贝多芬，则是靠自己。"

俗语说："刀靠石磨，人要事磨。"的确，唯有耐得住事磨的人，在经过一番寒心彻骨的历炼后，才能够在山穷水尽疑无路之际，明智地把握住机会，寻得柳暗花明又一村的景象。将事业危机化为转机，进而开启良机，成就出色的事业。

历史上那些赫赫有名的大人物鲜有一开始就平步青云、大展宏图的，这些人反而多是几经浮沉，漂泊不定地度过大半生，就因过程坎坷起伏，使他们有克服万难的信念，最后竟迂回地走过许多陷阱与险境。

一位知名人士曾语重心长地对属下说：“年轻时代赚100万元的经验，并不能成为将来赚10亿元的经验，但损失1000万元的经验，倒可培养赚10亿元的经验。逆境是锻炼人才最好的机会。”因此，原安三郎劝年轻人不要急躁，应趁年轻的时候多尝尝不幸和挫折。

在格里米战役的一次战事中，一颗炮弹把战区中的一座美丽花园炸毁，但是在那被炮火炸开的泥缝中，却忽然发现一道泉水在喷射。从此以后，这儿就有了一眼永久不息的喷泉。不幸与忧苦，也能使心灵的潜在之泉喷射出来。有许多人不到穷困潦倒，就不会发现自己的力量。灾祸的折磨，反而可以使人们发现自己的潜能。

塞万提斯在狱中写了《堂·吉诃德》，那时他贫困不堪，甚至无钱买纸，书稿是用皮革当做纸张。有人劝一位西班牙百万富翁去接济他，但那位百万富翁回答说：“上帝不允许我去接济他的生活，因为唯有他的贫困，才使得世界丰富！”

监狱往往能激起人心中已经熄灭的火焰。《鲁滨逊漂流记》是在狱中写成的，《天路历程》也是在监狱中写成的。瓦尔德·罗利爵士在他13年的囚禁生活中写成了《世界历史》。路德曾被囚在瓦特堡的时候，把《圣经》译成了德文。

一个大无畏的人，愈为环境所迫，愈加奋勇，敢于面对任何困难，轻视任何厄运，嘲笑任何阻碍；因为忧患、困苦不足以损他毫发，反而会增强他的意志、力量与品格，使他成为了不起的人物！

所以，请抛弃软弱，努力让自己坚强起来，把自己打造成一个性格坚忍的人，你同样可以做自己命运的主人。

心情的颜色影响着世界的颜色

心情的颜色影响着世界的颜色。困恼的根源，实际上并不是遭受了多大的不幸，而是人的内心素质存在某种缺陷，对生活的认识存有偏差。

其实，我们应该感谢苦难，因为苦难让我们懂得了真正的生活。无论这困难来自于生活抑或是情感，请从感谢苦难开始，反省自己、恢复自己。相信，你所经历的苦难，必然会成为你日后人生路上永远感谢的对象，因为没有这些苦难，你不会解悟，不会有今天的体会。

某人前往朋友家做客，方知朋友5岁的儿子罹患先天性心脏病，最近动过一次手术，胸前留下一道深长的伤口。

朋友告诉他，孩子有天换衣服，从镜中看见疤痕，竟骇然而哭。

“我身上的伤口这么长！我永远不会好了。”她转述孩子的话。

孩子的敏感、早熟令他惊讶；朋友的反应则更让他动容：

朋友心酸之余，解开自己的裤子，露出当年剖腹产留下的刀口给孩子看。

“你看，妈妈身上也有一道这么长的伤口。”

“因为以前你还在妈妈的肚子里的时候生病了，没有力气出来，幸好医生把妈妈的肚子切开，把你救了出来，不然你就会死在妈妈的肚子里面。妈妈一辈子都感谢这道伤口呢！”

“同样地，你也要谢谢自己的伤口，不然你的小心脏也会死掉，那样就见不到妈妈了。”

感谢伤口！这四个字如钟鼓声直撞心头，他不由低下头，检视自己的伤口。

它不在身上，而在心中。

那时节，他工作屡遭挫折，加上在外独居，生活寂寞无依，更加重了情绪的沮丧、消沉，但生性自傲的他不愿示弱，便企图用光鲜的外表、强悍的言语加以抵御。

隐忍内伤的结果，终至溃烂、化脓，直至发觉自己已经开始依赖酒精来逃避现状，为了不致一败涂地，才决定举刀割除这颓败的生活，辞职搬回父母家。

如今伤势虽未再恶化，但这次失败的经历却像一道丑陋的疤痕，刻画在胸口。认输、撤退的感觉日复一日强烈，自责最后演变为自卑，使他彻底怀疑自己的能力。

好长一段时日，他蛰居家中，对未来裹足不前，迟迟不敢起步出发。

朋友让他懂得从另一方面来看待这道伤口：庆幸自己还有勇气承认失败，重新来过，并且把它当成时时警惕自己，匡正以往浮夸、矫饰作风的记号。

他要感谢朋友，更要感谢伤口！

心理学家曾经提出过“最优经验”的解释，意思是指，当一个人自觉能把体能与智力发挥到最极限的时候，就是“最优经验”出现的时候，而通常“最优经验”都不是在顺境之中发生的，反而是在千钧一发的危机与最艰苦的时候涌现。据说，许多在集中营里大难不死的囚犯，就是因为困境激发了他们采取最优的应对策略，最终能躲过劫难。

山中鹿之助是日本战国时期有名的豪杰，据说他时常向神明祈祷：“请赐给我七难八苦。”很多人对此举都是很不理解，就去请教他。鹿之助回答说：“一个人的心志和力量，必须在经历过许多挫折后才会显现出来。所以我希望能借各种困难险厄，来锻炼自己。”而且他还做了一首短歌，大意如下：“令人忧烦的事情，总是堆积如山，我愿尽可能地去接受考验。”

一般人对神明祈祷的内容都有所不同，一般而言，不外乎是利益方面。有些人祈祷更幸福，有人祈祷身体健康，抑或赚大钱，却没有人会祈求神明赐予更多的困难和劳苦。因此，当时的人对于鹿之助这种祈求七难八苦的行为，不能理解，是很自然的现象，但鹿之助依然这样祈祷。他的用意是想通过种种困难来考验自己，其中也有借七难八苦来勉励自己的用意。

鹿之助的主君尼子氏，遭到毛利氏的杀害，因此他立志消灭毛利氏，替主君报仇。但当时毛利氏的势力正如日中天，尼子氏的遗臣中胆敢和毛利氏敌对的，可说少之又少，许多人一想到这是毫无希望的战斗，就心灰意冷。可是，鹿之助还是不时勉励自己，鼓舞自己的勇气。或许就是因为这个缘故，他才会祈祷赐予自己七难八苦。

其实，生活的现实对于我们每个人本来都是一样的。但一经各人不同“心态”的诠释后，便代表了不同的意义，因而形成了不同的事实、环境和世界。心态改变，则事实就会改变；心中是什么，则世界就是什么。心里装着哀愁，眼里看到的就全是黑暗，抛弃已经发生的令人不痛快的事情或经历，才会迎来新心情下的乐趣。

有一天，詹姆斯忘记关上餐厅的后门，结果早上3个武装歹徒闯入抢劫，他们要挟詹姆斯打开保险箱。由于过度紧张，詹姆斯弄错了一个号码，造成抢匪的惊慌，开枪射击詹姆斯。幸运的是，詹姆斯很快被邻居发现了，紧急送到医院抢救，经过18小时的外科手术以及长时间的悉心照顾，詹姆斯终于出院了，但还有块子弹留在他身上……

事件发生6个月之后詹姆斯向朋友讲起了他的心路历程。詹姆斯答道：“当他们击中我之后，我躺在地板上，还记得我有两个选择：我可以选择生，或选择死。我选择活下去。”

“你不害怕吗?”朋友问他。詹姆斯继续说：“医护人员真了不起，他们一直告诉我没事，放心。但是在他们将我推入紧急手术间的路上，我看到医生跟护士脸上忧虑的神情，我真的被吓到了，他们的脸上好像写着——他已经是个死人了！我知道我需要采取行动。”

“当时你做了什么?”朋友继续问。

詹姆斯说：“当时有个护士用吼叫的音量问我一个问题，她问我是否会对什么东西过敏。我回答：‘有。’这时，医生跟护士都停下来等待我的回答。我深深地吸了一口气喊着：‘子弹!’等他们笑完之后，我告诉他们：‘我现在选择活下去，请把我当做一个活生生的人来开刀，不是一个活死人。’”

詹姆斯能活下来当然要归功于医生的精湛医术，但同时也由于他令人惊异的态度。我们从他身上学到，每天你都能选择享受你的生命，或是憎恨它。这是唯一一件真正属于你的权利。没有人能够控制或夺去的东西，如果你能时时记住这件事实，你生命中的其他事情都会变得容易许多。

心情的颜色会影响世界的颜色。如果一个人，对生活抱一种达观的态度，就不会稍有不如意，就自怨自艾，只看到生活中不完美的一面。在我们的身边，大部分终日苦恼的人，实际上并不是遭受了多大的不幸，而是自己的内心素质存在着某种缺陷，对生活的认识存在偏差。

事实上，生活中有很多坚强的人，即使遭受挫折，承受着来自于生活的各种各样的折磨，他们在精神上也会岿然不动。充满着欢乐与战斗精神的人们，永远不会为困难所打倒，在他们的心中始终承载着欢乐，不管是雷霆与阳光，他们都会给予同样的欢迎和珍视。

命运的另一半在你手里

想要人生精彩，就不要轻易下结论否定自己，不要怯于接受挑战，只要开始行动，就不会太晚；只要去做，就总有成功的可能。世上能打败你的只有你自己，成功之门一直虚掩着，除非你认为自己不能成功，它才会关闭，而只要你自己觉得可能，那么一切就皆有可能。

“英雄可以被毁灭，但是不能被击败。”跌倒了，爬起来，你就不会失败，坚持下去，你才会成功。不要因为命运的怪诞而俯首听命于它，任凭它的摆布。等你年老的时候，回首往事，就会发觉，命运只有一半在上帝的手里，而另一半则由你掌握，你一生的全部就在于：运用你手里所拥有的去获取上帝所掌握的。你的努力越超常，你手里掌握的那一半就越庞大，你获得的就越丰硕。

如果一个人把眼光拘泥于挫折的痛感之上，他就很难再有心思想自己下一步如何努力，最后如何成功。一个拳击运动员说：“当你的左眼被打伤时，右眼就得睁得更大，这样才能够看清敌人，也才能够有机会还手。如果右眼同时闭上，那么不但右眼也要挨拳，恐怕命都难保！”拳击就是这样，即使面对对手无比强劲的攻击，你还是得睁大眼睛面对受伤的感觉，如果不这样的话一定会败得更惨。其实人生又何尝不是如此呢？

“幸运者”与“不幸者”的区别在于：幸运者总是充满自信，洋溢活力，而不幸者即使腰缠万贯，富甲一方，内心却往往灰暗而脆弱。

这就是所谓的自卑，是一种消极的自我评价或自我意识，即个体认为自己在某些方面不如他人而产生的消极情感，是一种危机心态。自卑是束缚创造力的一条绳索，人生要想活得精彩，首先要做的一项工作就是拒绝与自卑纠缠。

在这个世界上，最不值得同情的人就是被失败打垮的人，一个否定自己的人又有什么资格要求别人去肯定？自卑者是这个世界上最可怜的人，因为他们的内心一直被自轻自贱的毒蛇噬咬，不仅丢失了心灵的新鲜血液，而且丧失了拼搏的勇气，更可悲的是，他们的心中已经被注入了厌世和绝望的毒液，乃至原本健康的心灵逐渐枯萎……

松下电器公司曾招聘一批基层管理人员，采取笔试与面试相结合的方法。计划招聘 15 人，报考的却有几百人。经过一周的考试和面试之后，通过电子计算机计分，选出了 15 位佼佼者。当松下幸之助将录取者一个个过目时，发现有一位成绩特别出色、面试时给他留下深刻印象的年轻人未在 15 位之列。这位青年叫神田三郎。于是，松下幸之助当即叫人复查考试情况。结果发现，神田三郎的综合成绩名列第一，只因电子计算机出了故障，把分数和名次排错了，导致神田三郎落选。松下立即吩咐手下纠正错误，给神田三郎发放了录用通知书。第二天，松下先生却得到一个惊人的消息：神田三郎因没有被录取而一下自卑起来，觉得自己一无是处，于是跳楼自杀了。录用通知书送到时，他已经死了。

松下知道之后自己沉默了好长时间，一位助手在旁边自言自语："多可惜，这么一位有才干的青年，我们没有录取他。"

"不，"松下摇摇头说，"幸亏我们公司没有录用他，如此自卑的人是干不成大事的。"

人生并非一帆风顺，因为求职未被录取而拿死亡来解脱自卑的情绪，简直太可惜了。

在人生崎岖的道路上，自卑这条毒蛇随时都会悄然地出现，尤其是当人迷惑、劳累困乏时，更要加倍地警惕。偶尔短时间地滑入自卑的状态是很正常的现象，但长期处于自卑之中就会酿成人生的灾难了。

所以说，要想堂堂正正地活着，首先就要有自信，有了自信才能产生勇气、力量和毅力。具备了这些，困难才有可能被战胜，目标才可能达到，胜利才可能拥有。但是自信绝非自负，更非痴妄，自信建筑在崇高和自强不息的基础之上才有意义。心中有自信，成功有动力。莎士比亚说过："自信是成功的第一步。"当你满怀激情踏上人生之路时，请带上自信出发，那么一切都将会改变。

第三辑

是非成败转头空
——功名富贵由来不常存

功名富贵之下，上演多少尔虞我诈、世态炎凉！名利可以成就一个人，同样可以毁掉一个人，谁把名利当成主人，他就只能过着奴仆的生活。

世上名利群蠛蠓，古来兴废几浮沤

“功名富贵若长在，汉水亦应西北流”，权、钱之类自古便无常存之理。正所谓“三十年河东，三十年河西”，是非成败谁能预测？所以，别把这些看得太重，得之我幸，不得我命，莫再为此纠结，终日愁眉不展。

自然界的沧海桑田，万物的生老病死，循环不已。你看那果子似未动，实则时刻皆在腐朽之中。纵使是人类赖以生存的地球，再历亿万年之久，也终将毁灭。名利、地位、金钱，莫不如是。既如此，我们又何必为物欲所累，惶惶不可终日呢？须知，纵使金银砌满楼，死去何曾带一文？

相传很早以前有一位国王，名叫难陀。他非常贪心，拼命聚敛财宝，希望把财宝带到他的后世去。他心想：我要把全国的珍宝都收集起来，一点都不留。因为贪婪，他把自己的女儿也利用上了，吩咐奴仆说：“如果有人带着财宝来求娶我的女儿，就把这个人连他的财宝一起送到我这儿来！”他用各种办法聚敛财宝，全国几乎没有一个地方会留有宝物，所有的财宝都进了国王的仓库。

他的国家有一个寡妇，她只有一个儿子，心中很是疼爱。这儿子看见国王的女儿姿态优美，容貌俏丽，很是动心。可他家里穷，没法结交国王的女儿。不久，他生起病来，身体瘦弱，气息奄奄。他母亲问他：“你害了什么病，病成这样？”

儿子把实情告知于母亲：“如果不能和国王的女儿交往，我必死无疑。”

“但国内所有的财宝都被国王收去了，到哪儿弄钱呢?”母亲又想了一阵，说道：“你父亲死时，口中含了一枚金币，如果把坟墓挖开，可以得到那枚金币，你用它去结交国王的女儿吧。”

儿子依母亲所言，挖开父亲的坟墓，从口中取出金币。随后，他来到国王女儿那里。于是乎，他连同那枚金币被送去见国王。国王问道：“国内所有的财宝，都在我的仓库，你从哪里得来这枚金币？一定是发现地下宝藏了吧!”

国王用尽种种刑具，拷问寡妇的儿子，想问出金币的来处。寡妇的儿子辩解：“我真没有发现地下宝藏。母亲告诉我，先父死时，放过一枚金币在口中，我就去挖开坟墓，取出了这枚金币。”

于是，国王派人去检验真假。使者前去，发现果有其事。国王听到使者的报告，心想：我先前聚集这么多宝物，想把它们带到后世。可那个死人却连一枚金币也带不走，我要这些珍宝又有何用?”

从此，国王不再敛财，一心教化民众，他的国家也因此日渐兴盛。

为人，应淡看富与贵。要知道，有所求的乐，如腰缠万贯、乃至一国之尊的富贵，是短暂的；无所求的乐，即“身心自由无欲求”的富贵心态，才是一种纯粹和永恒的乐。人生中真正有价值的，是拥有一颗开放的心，有勇气从不同的角度衡量自己的生活。那样，你的生命才会不断更新，你的每一天都会充满惊喜。

有这样一个富翁，他为了让自己那整日精神不振的孩子懂得知福、惜福，便将其送到当地最贫穷的村落住了一个月。一个月后，孩子精神饱满地回来，脸上并没有带着被“下放”的不悦，这让富翁感到很不可思议。

他想知道孩子有何领悟，便问儿子：“怎么样？现在你应该知道，不是每个人都能像我们过得这样好吧?”

儿子说：“不，他们的日子比我们好。我们晚上只有电灯，而他们有满天星星；我们必须花钱才能买到食物，而他们吃的是自己栽种的免费粮食；我们只有一个小花园，可对他们来说，山间到处都是花园；我们听到的是城市里的噪声，他们听到的却是大自然的天籁之音；我们工作时精神紧绷，他们一边工作一边哼着歌；我们要管理佣人、管理员工，有操不完的心，他们只要管好自己；我们要关在房子里吹冷气，他们却能在树下乘凉；我们担心有人来偷钱，他们没什么好担心的；我们老是嫌饭菜不好吃，他们有东西吃就很开心；我们常常无故失眠，他们每夜都睡得很香……”

人生的价值究竟应怎样诠释？相信每个人心中都有一个答案。但事实上，金钱绝不是衡量人生的标准，为金钱而活只是愚人的行径，智者追求的财富除了金钱以外，还会包括健康、青春、智慧……

一位老人在小河边遇见一位青年。

青年唉声叹气，满脸愁云惨雾。

“年轻人，你为什么如此郁郁不乐呢？”老人关心地问道。

青年看了老人一眼，叹气道：

“我是一个名副其实的穷光蛋。我没有房子，没有老婆，更没有孩子；我也没有工作，没有收入，饥一顿饱一顿地度日。老人家，像我这样一无所有的人，怎么会高兴得起来呢？”

“傻孩子”老人笑道“其实你不该心灰意冷，你还是很富有的！”

“您说什么？”青年不解。

“其实，你是一个百万富翁呢。”老人有点儿诡秘地说。

“百万富翁？老人家，您别拿我这穷光蛋寻开心了。”青年有些不高兴，转身欲走。

“我怎么会拿你寻开心呢？现在，你回答我几个问题。”

“什么问题？”青年有点好奇。

“假如，我用20万元买走你的健康，你愿意吗？”

“不愿意。”青年摇摇头。

“假如，现在我再出20万元，买走你的青春，让你从此变成一个小老头儿，你愿意吗？”

“当然不愿意！”青年干脆地回答。

“假如，我再出20万元，买走你的容貌，让你从此变成一个丑八怪，你可愿意？”

“不愿意，当然不愿意！”青年头摇得像个拨浪鼓。

“假如，我再出20万元，买走你的智慧，让你从此浑浑噩噩，了此一生，你可愿意？”

“傻瓜才愿意！”青年一扭头，又想走开。

“别急，请回答我最后一个问题，假如我再出20万元，让你去杀人放火，让你失去良知，你愿意吗？”

“天啊！干这种缺德事，魔鬼才愿意！”青年愤愤然。

“好了，刚才我已经开价100万元，却仍买不走你身上的任何东西，你说，你不是百万富翁，又是什么？”老人微笑着问。

青年恍然大悟，他笑着谢过老人的指点，向远方走去。

从此，他不再叹息，不再忧郁，微笑着寻找他的新生活。

试问，如果有人出价100万元，要买走你的健康、你的青春、你的人格、你的尊严、你的爱情……你愿意吗？相信你一定会断然拒绝。如此说来，我们都是很富有的呢！

是的！此时的我们都是富人，因为我们已经意识到，物质上的富有只是一种狭隘、虚浮的富有，而心灵上的富足，才是真正的富有。人生的真正价值应在于，你能否利用有限的精力，为这世界创造无限的价值。一如露珠，若在阳光下蒸发，它只能成为水汽；若能滋润其他生命，它的价值就得到了升华，这才是真正的价值所在！

功名不强求，富贵由它去

同样是生活在这个星球上，同样是生活在这个社会里，为何有的人总是心事重重、愁眉不展，有的人却能够一脸轻松、笑容满面？其实，这在很大程度上取决于他对待功名的态度。

在我国宋代，有这样一位贤士，他的名字叫程颢。程颢少年即中进士，后久任地方官，理政以教化为先，所辖诸乡皆有乡校。他为人宽厚，平易近人，待人接物“浑得一团和气”。他不仅“仁民”，而且“爱物”，“其始至邑，见人持竿道旁，以黏飞鸟，取其竿折之，效之使勿为”，人们议论说，“自主簿折黏竿，乡民子弟不敢畜禽鸟。不严而令行。大率如此”。但是，为了破除神怪迷信，他却敢于斩巨龙而食其肉。

程颢任镇宁军节度判官时，适逢当地发生洪水，曹村堤决，州帅刘公涣以事急告。他当即从百里之外一夜驰至，对刘帅说：“曹村决，京城可虞。臣子之分，身可塞亦为之。请尽以厢兵见付，事或不集。公当亲率禁兵以继之。”刘帅遂以官印授予程颢，说：“君自用之。”程颢得印后，径走决堤，对士卒们说：“朝廷养尔军，正为缓急尔。尔知曹村决则注京城乎？吾与尔曹以身捍之!”士众皆被感而自效力。他先命善泅者衔细绳以渡，然后引大索以济众，两岸并进，昼夜不息，数日而合。

在进身仕途的同时，程颢也不失归隐林泉的仙家道趣，他曾写诗说：“辜负终南好泉石，一年一度到山中。”“襟裾三日绝尘埃，欲上篮舆首重回；不是吾儒本经济，等闲争肯出山来。”正因为有这样的修养和情操，才使他获得了温润、宽厚、和气、纯粹等美德。他那种高大的人格形象，对世人具有很大的示范和感化作用，这也是他对后世产生较大影响的一个重要原因。程颢后来以双亲年老为由求为闲官，居洛阳十几年，与其弟程颐讲学于家，化行乡党。其教人则说：“非孔子之道，不可学也。”士人从学者不绝于馆，甚至有不远千里而至者。

做人若向往逍遥，率性而为，自然不会在乎钱财的富足与官爵的显赫，而寻求的是心无牵念，行为不羁。抛弃名利的心头枷锁，无论思想抑或理智皆能得到自由。潇洒云水，放浪春秋，亦是人生的真境界。

不过损失 2 美元

得利心不骄，失利心不馁，淡泊明志，宁静致远，见利让利，处名让名，或许在别人看来，你未免有些“傻”，但事实上，这才是你安身立命、获取成功的法宝。

当我们在得与失之间徘徊的时候，只要还有选择的权利，那么，我们就应当以自己的心灵是否能得到安宁为原则。只要我们能在得失之间做出明智的选择，那么，我们的人生就不会被世俗所淹没。

山姆是一个画家，而且是一个很不错的画家。他画快乐的世界，因为他自己就是一个快乐的人。不过没人买他的画，因此他偶尔难免会有些伤感，但只是一会儿的时间。

“玩玩足球彩票吧！”朋友劝他，“只花 2 美元就有可能赢很多钱。”

于是山姆花 2 美元买了一张彩票，并且真的中了彩！他赚了 500 万美元。

“你瞧!”朋友对他说,“你多走运啊!现在你还经常画画吗?”

“我现在只画支票上的数字!”山姆笑道。

于是,山姆买了一幢别墅并对它进行了一番装饰。他很有品位,买了很多东西,其中包括:阿富汗地毯、维也纳橱柜、佛罗伦萨小桌、中国瓷器、还有古老的威尼斯吊灯。

山姆满足地坐下来,点燃一支香烟,静静地享受着自己的幸福。突然,他感到自己很孤单,他想去看看朋友,于是便把烟蒂一扔,匆匆走出门去。

烟头静静地躺在地上,躺在华丽的阿富汗地毯上……一个小时后,别墅变成一片火海,它完全被烧毁了。

朋友们在得知这一消息以后,都赶来安慰山姆:“山姆,你真是不幸!”

“我有何不幸呢?”山姆问道。

“损失啊!山姆,你现在什么都没有了。”朋友们说。

“哪里呀,我只不过损失了2美元而已!”山姆答道。

人生漫长,每个人都会面临无数次选择。这些选择,可能会使我们的生活充满烦恼,使我们不断失去本不想失去的东西。但同样是这些选择,却又让我们在不断地获得。我们失去的,也许永远无法弥补,但我们得到的却是别人无法体会到的、独特的人生。面对得与失、顺与逆、成与败、荣与辱,我们要坦然视之,不必斤斤计较,耿耿于怀。否则,只会让自己活得很累。

其实,人在大得意中常会遭遇小失意,后者与前者比起来,可能微不足道,但是人们却往往会怨叹那小小的失,而不去想想既有的得。

须知,得到固然令人欣喜,失去却也没有什么值得悲伤的。得到的时候,渴望就不再是渴望了,于是得到了满足,却失去了期盼;失去的时候，拥有就不再是拥有了，于是失去了所有，却得到了怀念。连上帝都会在关了一扇门的同时又打开一扇窗，得与失无法分离：得中有失，失中又有得。

《孔子家语》里记载：有一天楚王出游，遗失了他的弓，下面的人要找，楚王说："不必了，我掉的弓，我的人民会捡到，反正都是楚国人得到，又何必去找呢？"孔子听到这件事，感慨地说："可惜楚王的心还是不够大啊！为什么不讲人掉了弓，自然有人捡到，又何必计较是不是楚国人呢？"

"人遗弓，人得之"应该是对得失最豁达的看法了。就常情而言，人们在得到一些利益的时候，大都喜不自胜，得意之色溢于言表；而在失去一些利益的时候，自然会沮丧懊恼，心中愤愤不平，失意之色流露于外。但是对于那些志趣高雅的人来说，他们在生活中能"不以物喜，不以己悲"，并不把个人的得失记在心上。他们面对得失心平气和、冷静以待，超越了物质，超越了世俗，千百年来，令多少人"高山仰止，心向往之"。

欲壑难填

人的欲望是很难满足的，所以我们要学会知足，不能对自己的私欲放任自流，别让欲望毁了你的生活。

人们总是认为自身的欲望得到满足时，才会感到幸福，然而人的欲望就像一个无底洞，什么时候才能满足呢？家财万贯，还想要飞来横财；官居上位，还想再升一级，因为贪得无厌，因为不知足，所以很多人都在名利中迷失了自己。

古代有一个农民想买一块土地，他打听到有个人想卖地，于是就到了当地，向当地人询问土地的价格。

当地人说："只要交2000块钱，给你一天的时间，从太阳升起的时候算起，直到太阳落下地平线，你能用步子圈多大的地，这些地就都归你了；但是在太阳落下地平线之前不能回到起点的话，这些土地你将一寸也得不到。"

农民心里想："那我辛苦一点，多走一些路，就可以圈更大的土地了，这样的生意实在是太划得来了。"于是他就和当地人签订了合约。

天刚刚亮，他就迈着大步向前奔走；到了中午，他也顾不得吃饭，当回头时他已经看不见了出发的地方。但是他仍然不停地往前走，心里在想："再忍耐一点，以后就可以多享受一点了。"

他又走了好远的路，眼看太阳就要落山了，他心里非常着急，因为太阳下山之前他不赶到起点，这些土地将都不属于他了。于是他大步往回赶，太阳很快就要落到地平线以下了，他终于耗尽了全身的力气，这时离起点只剩两步了，当他倒下的时候两只手刚好触到起点的那条线。那片土地归他了，可是又有什么用呢？他已经失去生命了。

我国古代南朝的中书令王僧达，从小聪明伶俐，但却养成了不知检点的毛病。孝武帝即位时，他被提拔为仆射，位居孝武帝的两个心腹大臣之上。王僧达也因此更加自负，以为自己在当朝大臣中，无人能及。他在朝时间不长，就开始觊觎宰相的位置，并时时流露出这一情绪。谁知，事与愿违，就在他踌躇满志之时，却被降职为护军。此时，他并没有醒悟，仍惦记着做官，并多次请求到外地任职。这又惹怒了皇上，他被再次削职。这回，他终于因羞成怒，对朝政看不顺眼，所上奏折，言辞激昂，终于被人诬为串通谋反而被赐死。

王僧达的死，究其原因在于其不知足。因为，按照他的年龄、资历，没几年就升到仆射一职，已属不易了。可他竟想入非非，以为“一人之下，万人之上”的宰相非他莫属了。岂料，事情的发展有许多是不以人的意志为转移的。于是，一个贪念使他从高位上翻滚了下来，真正遭到了灭顶之灾。所以可以这样说，是追名逐利的贪心送了王僧达的性命。

由于贪婪，穷人和王僧达都失去了自己的生命，没有了生命，贪婪得来的东西又有什么意义呢？欲壑难填，正是人性中最大的缺憾。而不知足的人，即使有再多的金钱、再高的地位，他也无法获得幸福。

相传古时，一个只有母子两个人的家庭，母亲年迈多病，不能干活；儿子王妄，30岁，还没讨上老婆，靠卖些草来维持生活，日子过得很苦。

这一天，王妄跟以往一样到村北去拔草，无意之中，发现草丛里有一条七寸多长的花斑蛇，浑身是伤，动弹不得，王妄动了怜悯之心，带回了家，小心翼翼地为它冲洗涂药。蛇苏醒后，冲着王妄点了点头，表达它的感激之情，母子俩见状非常高兴，赶忙为它编了一个小荆篓，小心地把蛇放了进去。从此，王妄母子俩对蛇精心地护理，蛇的伤逐渐痊愈，蛇身也渐渐长大，而且总像是要跟他们说话似的，为母子俩单调寂寞的生活增添了不少乐趣。日子一天天过去，王妄照样打草，母亲照样守家，小蛇整天在篓里。一天，小蛇觉得闷在屋子里没意思，便爬到院子里晒太阳，让人意想不到的，蛇被阳光一照，变得又粗又长，有如大梁，撞见如此情景的王母惊叫一声昏死过去。等王妄回来，蛇已回到屋里，也恢复了原形，却用人类的语言着急地向王妄说：“我今天失礼了，把母亲给吓死过去了，你赶快从我身上取下三块小皮，再弄些野草，放在锅里煎熬成汤，让娘喝下去就会好。”王妄说：“不行，这样会伤害你的身体，还是想别的办法吧！”花斑蛇催促着说：“不要紧，你快点，我能顶得住。”王妄只好流着眼泪照办了。母亲喝下汤后，很快苏醒过来，母子俩又感激又纳闷，可谁也没说什么，王妄再一回想每天晚上蛇篓里放金光的情形，更觉得这条蛇非同一般。

话说当时的国王整天不理朝政，宫里的生活日复一日，没什么新样，觉得厌烦，想要一颗夜明珠玩玩，就张贴告示，谁能献上一颗，就封官受赏。这事传到王妄耳朵里，他回家对蛇一说，蛇沉思了一会儿说："这几年来你对我很好，而且有救命之恩，总想报答，可一直没机会，现在总算能为你做点事了。实话告诉你，我的双眼就是两颗夜明珠，你将我的眼挖出来，献给皇帝，就可以升官发财，老母也就能安度晚年了。"王妄听后非常高兴，可他毕竟和蛇有了感情，不忍心下手，说："那样做太残忍了，而且你会疼得受不了的。"蛇说："不要紧，我能顶住。"于是，王妄挖了蛇的一只眼睛，第二天到京城，把宝珠献给国王。满朝文武从没见过这么奇异的宝珠，赞不绝口，到了晚上，宝珠发出奇异的光彩，把整个宫廷照得通亮，国王非常高兴，封王妄为进行大官，并赏了他很多金银财宝。

王后见了，也想要一颗，不得已，国王再次下令寻找宝珠，并说把丞相的位子留给第二个献宝的人，王妄想，我把蛇的第二只眼睛弄来献上，那丞相不就是我的了吗？于是到国王面前说自己还能找到一颗，国王高兴地把丞相之职给了他。可万没想到，王妄的卫士去取第二只眼睛时，蛇无论如何不给，说非见王妄才行，王妄只好亲自来见蛇。蛇见了王妄直言劝道："我为了报答你，已经献出了一只眼睛，你也升了官，发了财，就别再要我的第二只眼睛了。人不可贪心。"王妄早已鬼迷心窍，哪里还听得进去，厚颜无耻地说："我不是想当丞相吗？你不给我怎么能当上呢？况且，这事我已跟国王说了，官也给了我，你不给不好收场呀，你就成全了我吧！"他执意要取第二只眼睛，蛇见他变得这么贪心残忍，早气坏了，就说："那好吧！你拿刀子去吧！不过，你要把我放到院子里再去取。"王妄早已等待不得，对蛇的话也不分析，一口答应，就把蛇放到了阳光照射的院子里，转头回屋取刀子。等他出来剜宝珠时，蛇身已变成了大梁一般，张着大口冲他喘气，王妄吓得魂都散了，想跑已来不及，蛇一口就吞下了这个贪婪的人。

知足者常乐，不知足者常忧。他如果不知足，就永远不可能获得幸福；他如果知足，幸福就会不请自到。

贪财误此身

欲望每个人或多或少都会存在，然而，一旦有了违背道德的贪念，能否以道德压制欲望，战胜贪念，就是一个人成功与失败的分水岭。

有欲望则会想方设法去追求，苦苦追寻不得就会徒生烦恼。古往今来有多少贪财好名之徒为此而断送了前程、断送了性命。清朝乾隆年间的宠臣和珅是世上最有名的贪官，据说，他的家产总计等于大清朝15年的国库收入。然而这么一位大贪官在自缢前却写下了一首感悟诗：

夜色明如水，嗟尔困不伸。百年原是梦，卅载枉劳神。室暗难挨算，墙高不见春。星辰环冷月，縲绁泣孤臣。对景伤前事，怀才误此身。余生料无几，辜负九重仁。

古人言：“人之将死，其言也善。”这是大贪官和珅在狱中所写的一首绝笔诗，诗中“对景伤前事，怀才误此身”两句，堪称神来之笔。观和珅绝笔诗，其悟也深啊！只可惜欲望害了他，醒悟得太迟了。

顾恺之是南北朝时宋国吴郡太守，由于他政治清简，风节严峻，故素为人们所敬重。

一天，他的一位朋友来看望他，告诉他说：“你的儿子顾绰，这些年来，不择手段地收积了许多钱财。而且，还在外放债，不择手段收取高利。如不加管束，怕是会愈演愈烈啊!”

送走了友人，顾恺之叫来了儿子顾绰。叫顾绰把装满了债券的箱子打开。他仔细看了看，没有假。直起腰来，突然大声呼唤道：“侍从过来!”

几个侍从跑了过来。他们将一箱子债券抬到院子中，点起了一堆火，然后忽地一下，将全部债券投入火中。

将债券烧毁后，顾恺之又对侍从说：“传言乡里有借顾绰债的，一笔勾销，不用还了!”远近乡里，那些借债的、没借债的，听到这个消息，无不赞扬顾恺之严于律已，严于教子，清廉公正的品格。

财富是人类文明发展的象征，追求财富，拥有财富并不是人性的弱点，关键是获取财富的途径。

有道是：君子爱财，取之有道。通过自己的智慧和能力挣来的财富，是一个人的光荣；利用权力贪污受贿来聚敛财富，那就触犯了刑律。顾恺之的儿子顾绰通过放高利贷的办法去获取财富，是不仁不义的行为。坐拥不义财，离灾祸已经不远。顾恺之毕竟深明世故，他设计烧毁了儿子的债券，表面看令儿子失去了一些财产，但从长远看，是切断了儿子生命中的隐患，实乃明智之举。

清心寡欲处世之人，视钱财与功名如外物。不会被欲望所左右，他们能够自由支配人生命运，享受无欲而获得的怡然之乐。

东晋时，吴隐之经旧邻韩康伯的推荐，开始出任“辅国功曹”，随后官职不断升迁，并历任卫将军主簿、晋陵太守、左卫将军、广州刺史、太常、中领军等职。

然而他却没让生活随着他官职的升迁而奢华，依然过着清贫的日子。下属们都有些不解，有人曾经问他：“你寒窗苦读，有了今天的地位也不想改善自己的生活，你不觉得有点吃亏吗?”

吴隐之则说：“一个人读书做官如果只为了贪取富贵，他的人生理想就十分低俗，人生也就无味了。读书做官对这些人而言便是件坏事，是促其堕落的平台，又有什么值得称道呢？我不想成为这种人。”吴隐之每月领到俸禄，第一件事便是接济贫穷的亲友和乡邻。他的家人起初并不赞成，常常责备他：“你不贪不占，这在做官的人中已是很难得。我们家也不富裕，倘若再将辛苦所得的俸禄白白送给别人，当官还不如做百姓呢!”

吴隐之为了让家人理解自己，耐心做他们的工作，劝诫他们说：“戒除贪心不是件容易的事，这需要时时刻刻地努力。我也担心自己一旦富裕起来，就开始追求享受了，现在清苦一些是好事啊!”

吴隐之清廉有德，朝廷对他屡有褒奖，十分信任。当富庶的广州地区的官吏贪污丑闻不断时，朝廷任命吴隐之为广州刺史——在当时来说就是广州地区的最高官员。吴隐之在广州上任之后，不负众望，严惩了一大批贪官污吏和不法商人，使当地习俗日趋淳朴，官吏奉公守法。

吴隐之之所以能够做到不贪、受人尊重，这很大的功劳应记在他有一颗无欲之心上。无欲之人，不会因为贫穷而办鸡鸣狗盗之事，更不会因为富贵而变得奢靡起来；无欲之人，不会因为无权而献媚于人前，更不会因为有钱而鱼肉百姓、聚敛财富。

我们常常被欲望缠身，被欲望搅得吃睡不香。人生短短几十年，谁能没有些想法呢，谁又不希望自己活得更舒服些呢？于是，欲望把我们支配得如无头苍蝇般滴溜乱转，让我们的身心都疲惫不堪，却很难有所得。无欲而怡然，我们缺少的就是一种淡泊明志的心怀、老僧入定的境界，试着去探寻这种境界，找回属于我们的那份怡然生活。

不为轩冕肆志，不为穷约趋俗

很多人为身外之物殚精竭虑，不惜丧失良知，甚至是生命。殊不知，过度贪婪，会使你的生命之舟超载，无法承受住人生风浪的考验。一个生活的智者，应首先懂得"适度舍弃"这个道理。

人们总是把得失看得太重，把名利看得太重，期望自己位高权重，期望能拥有万贯家财，这样通常会备受名利折磨，轻者身心劳累，重者害人害己。

生活中，很多人拥有金钱，但却没有快乐，他们对金钱垂涎欲滴，整日挖空心思、千方百计想要得到它，恐怕永远也不会快乐而且身心劳累。四大吝啬鬼之一的严监生，都快死了，已经讲不出话来了，还是大瞪着两眼，直竖着两根指头不肯咽气。像他这样的人，绞尽了脑汁，"辛苦"经营了一辈子，挣下了万贯的家财，本来是可以带着"成就感"心满意足地去了，可是他却死活不肯咽下最后一口气。旁边的族人皆不明白严监生直竖的两根指头到底是什么意思，最后还是他的媳妇机灵，因为她发现严监生的两眼死死地瞪着桌旁的油灯。油灯里燃着两根灯草，严监生伸着两根指头不就是不满意燃着的两根灯草吗？照着严家的规矩，本着"节俭"的原则，应该熄掉一根灯草才是。于是小儿媳妇赶紧跑过去熄掉了一根灯草。这招真是灵验，一根灯草刚熄，严监生就咽气了。

世上类似于严监生这样临死了还被自己无尽的贪欲折磨着的人虽然不多，但是为了名、为了利，整日处心积虑，乃至不择手段的人实在是太多了。得到了名利也许能给你短暂的满足和快乐，然而名利如浮云，你能够得到它，也会不留一丝痕迹地失去它。失去了名利之后，你所剩下的只有深深的遗憾。生命对每一个人来说就是一次单程旅行，没有回头路可走，所以，尽量使自己的灵魂沉浸在轻松、自在的状态，这是最好不过的。

严监生还只是小贪，清朝初期摄政王多尔衮却是个大贪，他一生为了追名逐利，争权夺势而不能自拔。多尔衮对于皇权之争真可谓煞费苦心，六亲不认。他的哥哥皇太极去世后，虽然已拥立其子福临（即顺治）为帝，但多尔衮欲篡夺皇位的野心丝毫没有削减。孝庄文太后为了稳住与抚慰多尔衮贪婪之心，让其儿子顺治帝封多尔衮为皇叔摄政王。但是，这并没有使多尔衮对孝庄文太后母子的这一恩赐买账。他一面在暗地里制作龙冠、龙袍，以备伺机谋篡大位；一面指使苏克萨哈、穆济伦等近侍策划“加封皇叔父摄政王为皇父摄政王，凡进呈本章旨意，俱书皇父摄政王”。

在清朝众多的摄政、辅政王中，仅此一人称“皇父摄政王”的尊号与殊荣。对此，不只是当朝文武诸臣大惑不解，就连友邦也深感费解，引起一些议论与猜测，乃至朝鲜国王说：“实际上就是两个皇帝了。”

多尔衮随着权力的剧增，贪婪的胃口也日益增大。极尽追名逐利之能事，把福临之所以能登上大宝的功劳执为己有，把各王公在入主中原前后的战功也尽归于己。

由于多尔衮贪得无厌、利欲熏心，倚仗他的权势恣意横行，天人共怒。正所谓利深祸速，他去世不足半月，顺治帝就一反常态地向皇父多尔衮大肆施以夺权之举：先命手下大学士等朝臣闯进摄政王府搜缴信符之类悉入内库；继而又派吏部侍郎索洪等人把赏功册夺回大内；再把多尔衮十数款罪状公布于世之后，就“将伊母子并妻所得封典，悉行追夺。诏令削爵，财产入官，平毁墓葬”。

一般贪婪自私的人目光如豆，只看得见眼前的利益，看不见身边隐藏的危机，也看不见自己生活的方向。人的贪欲越多，往往越是生活在日益加剧的痛苦中，一旦欲望获得满足，他们仍然会失去正确的人生目标，陷入对蝇头小利的追逐；还有一些人好贪小便宜，却因此而吃了大亏，这就是所谓的“知足之人永不穷，不知足之人永不富”。

人人都有名利之心，这是不可避免的，但是一个人要求富贵，必须得之有道，持之有度。就生活的价值而言，如果我们能够体味人生的酸甜苦辣，没有虚度时光，心灵从容充实，则不管我们是贫是富皆可以满意了。

富贵荣华生不带来，死不带走。如果人们能看破了这一点，对于世间的荣华富贵不执著和贪恋，则我们的心胸自然就会平静如水。

现代人大多很浮躁，总是费尽心机地追逐金钱和地位，一旦愿望实现不了，便口出怨言，甚至生出不良之心，采用不义手段来为自己谋利，到头来还会因此害了自己。庄子曾说过：“不为轩冕肆志，不为穷约趋俗，其乐彼与此同，故无忧而已矣。”这句话大意是说那些不追求官爵的人，不会因为高官厚禄而沾沾自喜，也不会因为穷困潦倒、前途无望而趋炎附势、随波逐流，在荣辱面前一样达观，所以他也就无所谓忧愁。庄子主张“至誉无誉”。在他看来，最大的荣誉就是没有荣誉。他把荣誉看得很淡，他认为，名誉、地位、声望都算不了什么。尽管庄子的“无欲”“无誉”观有许多偏激之处，但是当我们为官爵所累、为金钱所累的时候，何不从庄子的训哲中发掘一点值得效法和借鉴的东西呢？

其实人活着就是为了享受快乐，但生活中很多人由于贪心过重，为外物所役使，终日奔波于名利场中，每天抑郁沉闷，不知人生之乐，所以我们不妨花点时间，平心静气地审视一下自己，是否在心中藏着许多欲求而不可得的小秘密，是否常常被这些或名或利的欲望搅得心烦意乱。心中有点小秘密是正常的，因为每个人总会有着这样或那样的欲求，只不过有的人懂得如何正确地面对这些或者正当或者不正当的欲求：正当的欲求，他会尽量去满足，实在凭自己的能力满足不了的，他也会平心静气地面对这样的事实；不正当的欲求，他会为此而感到内疚，感到惭愧，会在心底检讨自己，不会发展到为了这样的欲求而不择手段的地步。但也有人不会控制自己的名利之心，结果贻误了自己，毁了自己的一生。你所要做的就是做出明智的选择：做控制欲望的人或被欲望操控的人。

知时、知难、知命、知退、知足

进有时便是退，退有时便是进。常言道："进一程风高浪急，退一步海阔天空。"懂得功成身退、见好即收的道理，会使你终生受益。

张良原是汉高祖刘邦手下的一名大臣，与萧何、韩信并称为"汉初三杰"，他熟悉兵法，一生以谋略见长，是刘邦的主要谋士之一。若没有他，刘邦能否建立汉朝就得打上问号。是他设计攻占秦国首都咸阳；是他设计帮助刘邦逃脱鸿门宴上的杀身之祸；是他英明决断火烧栈道；是他及时阻止了刘邦准备封赏六国后代的计划；也是他力排众议，在楚汉议和后彻底消灭了项羽；还是他帮助刘邦在得天下后镇抚各将士，建都长安，稳固了汉朝的江山社稷。可就是这样一位开国功臣却没有居功自傲，不仅拒绝了封赏给他的三万户领地，还身体力行了老子所讲的"功遂，身退，天之道"的思想，不倚仗功劳让自己成为显赫家族，而是闭门不出，潜心学道，以引退的方式来表明他的人生哲学。

那么，张良此举是否就是在逃避人生呢？答案是否定的。从他晚年为使汉朝免于宫廷内战，为保持社会稳定而帮助太子刘盈请出“商山四皓”的事例中即可见其是以一种更超然的方式来参与朝中大事的。这位早年在下邳向黄石公学习《太公兵法》的隐者，深深明白“达士知处阴敛翼，而岩晦亦是坦途”的道理，亦懂得“谢事当谢于正盛之时”才是“天之道”。

能功成名就者肯定都是聪明人，但能急流勇退者却不是仅有聪明就能做到的。因为“由俭入奢易，由奢入俭难。”急流勇退，放弃的只是一些名利等身外之物，于人于已皆无损，而得到的却是超然人品，自然之心，于人于已皆有益，何乐而不为？

美酒饮到微醉处，好花看到半开时。明人许相卿说：“富贵怕见花开。”此语殊有意味。言已开则谢，适可喜正可惧。做人要有一种自惕惕人的心情，得意时莫忘回头，着手处当留余步。此所谓“知足常足，终身不辱，知止常止，终身不耻”。宋人李若拙因仕海沉浮，作《五知先生传》，谓做人当知时、知难、知命、知退、知足，时人以为智见，反其道而行，结果必适得其反。

君子好名，小人爱利，人一旦为名利驱使，往往身不由己，只知进，不知退。尤其在中国古代的政治生活中，不懂得适可而止，见好便收，无疑是临渊纵马。中国的君王，大多数可与同患，难与处安。所处以做臣下的在大名之下，往往难以久居。故老子早就有言在先：“功名，名遂，身退。”不过，人们的不幸往往就是因为“不识庐山真面目”。

范蠡力辅佐越王勾践振兴越国，终使勾践灭掉吴国，一雪前耻。其后，勾践加封范蠡为上将军，然范蠡深知勾践其人只可共患难，而不能共富贵，遂修辞书一封，弃官而去，乘舟远行，不再复返。

据说，范蠡曾在齐国写信给好友文种，信中说道：“飞鸟尽，良弓藏；狡兔死，走狗烹。越王为人长颈鸟喙，只可共患难，不可同享乐，君何不去?”其大意为：飞鸟射尽，弓弩就会被收藏起来；狡猾的兔子猎完，猎狗就会被煮食。观越王面相，颈长而嘴尖，城府极深，工于心计，只可与他共患难，却不能与之同享乐。你为何还不快快离开呢？文种得信以后，感范蠡所言甚是，便假称病而不入朝，但终未能幸免于难。相对而言，范蠡则要聪明得多，他早早料到这一点，急流勇退，方得以保全性命。后又三次经商成巨富，三散家财，并被世人尊为儒商鼻祖、“财神”。

无独有偶，有一“柔道王”在连续斩获200场胜利以后，突然宣布退役，转而去做了一名教练，但当时他尚未到而立之年。

人们对他的选择颇为不解，都以为“柔道王”出了什么问题，一时间众说纷纭。直到后来，“柔道王”在与朋友谈心时才道出了个中缘由，他说：“我当时明显感觉到自己的巅峰状态已经过去，而且求胜欲望也大不如以前强烈，既然如此我又何必硬撑下去呢？还不如急流勇退，给人们留下一个美好的回忆。”

毋庸置疑，无论范蠡还是“柔道王”，都是人生中的智者。他们的选择虽有些无奈，但却为自己留下了永久的美丽。相对于那些不懂退避、抱着功名利禄不放的人而言，他们才是英雄，因为他们有勇气放下令人艳羡的光环，留给了世人一个睿智的微笑。

一如司马迁所说：“酒极则乱，乐极则悲，万事尽然。”

乐极生悲，概括地讲，是一个人对生命的热爱和留恋而生出的惘然和悲哀；是一个人对生活中好花不常开、好景难常在的无奈和怅怀。人的情绪很难停驻在一种静止的状态，人对世事盛衰兴亡的更替习以为常之后，心境喜怒哀乐的轮回变换也成为了自然，人在纵情寻乐之后，随之而来的往往是莫名其妙的空虚伤怀，推之不去，避之不开，因为欢乐和惆怅本来就首尾并列。所以庄子在“欣欣然而乐”之后感叹：“乐未毕也，哀又继之。”人只有在生命的愉悦中才能体会真正的悲哀。所以，真正的丧亲之痛，不在丧亲之时，而在阖家欢宴，或睹旧物思亡人的那一瞬间。人在悲中不知悲，痛定思痛是真痛。

适可而止，见好便收，尤其是面对功名利禄时，更要保持这样一份淡然。

无财也是富

有时，财富不一定是有形的，而且，一旦有形的财富超出所需，就会转化成一种压力，使你的生存状态难以维持平衡。那些无形的财富才是真财富，它们对你的生活有益……

能安于贫贱的人是有福之人。因为他们心里无财富的挂碍，所以活得潇洒。而能在富贵中保持清心寡欲的更是有福之人，因为他们心里、眼里都无财富的挂碍，所以活得幸福。

一位老居士的家中生了一个男孩，长得英俊端庄，父母非常疼爱。这孩子从小就聪明异常，和一般的小孩子完全不同。他在无忧无虑中快乐地度过了黄金般的童年。

人类往往被欲念所迷惑，在欢乐的日子里，想不到痛苦的一面，唯有超卓的人才不至于堕落。居士家中的这个孩子，有高人一层的智慧。虽然他生长于安逸的环境中，但仍能了解人生的痛苦和罪恶。因此，他在成年以后，就辞亲出家当和尚。

有一次，他在教化回来的森林里遇到一队商人，他们到外乡从商路过此地。当时已是傍晚，太阳西下，商人们扎营住宿。他看到这些商人以及大小的车辆载着大量货物，并不关心，只管在离商队营帐不远的地方徘徊踱步。

这时从森林的另一端来了很多山贼。他们打听到有商队经过，就想乘夜幕降临以后劫掠财物。但当他们靠近商营的时候，却发现有人在营外漫步。山贼怕商队有备，所以想等大家都睡熟才好动手，然而营外巡逻的那个人，通宵不入营休息。天已渐亮了，山贼因无机可乘，只得气愤地大骂而走。

正在睡觉的商人，忽然听到外面的吵闹声跑出来看，只见一大队的山贼手执铁锤木棍往山上跑去。营外有一位出家人站在那儿。商人惊恐地走向前去问道：

“大师！您见到山贼了吗?”

“是的，我早就看到了，他们昨晚就来了。”出家人回答说。

“大师，”商人又向前问道，“那么多的山贼，您怎么不怕？独自一个人，怎能敌得过他们呢?”

出家人心平气和地说道：“各位，见山贼而害怕的是有钱人。我是一个出家人，身无分文，我怕什么？贼所要的是钱财宝贝，我既然没有一样值钱的东西，无论住在深山或茂林里，都不会起恐惧心。”

和尚的话使众商人醒悟，他们认识到自己的凡俗：对不实在的金钱，大家肯舍命去取得，而对真实自由自在的平安生活，反而视若无睹。他们决心跟着这位和尚出家修行。从此，他们体会到这个世间苦空的意义，把无常的钱财带在身边，那实际上是一种拖累。

中国有句古话叫做，人生有三宝，妻丑、薄地、破棉袄。因为贫穷，人才无恐惧心，因为贫穷，人才有上进心，艰难困苦是人生的一笔财富。它可以化无形为有形，并告诫你时刻保持冷静、清醒。正确对待有形的财富。

中国香港富豪徐展堂出身名门望族，幼年生活可说优裕富贵。但上天似乎有意要考验他。他 13 岁时，父亲生意失败，不久又染上肺痨去世。年幼的徐展堂一下子从蜜罐掉进了苦海。当时，徐展堂刚读完小学，无奈只好放弃升学，出来“捞世界”谋生，提起幼年时未有更多读书机会，徐展堂至今还感到遗憾。

年仅 13 岁的徐展堂不得不涉足社会，面对人生。他曾从事过多种低微的职业，如银行信差、卖“云吞面”、为商店翻新旧招牌、安排看更等。从十几岁至二十几岁，是他一生中最为艰苦搏命的时间。

艰苦的经历，不仅没有消磨他的意志，反而激发了他的斗志。他不甘心久居人下，白天工作，晚间则上夜校进修，学习英语，大量阅读历史书籍和名人传记，从中汲取思想养分。

就这样，他终于成长为香港传媒界的新星。

无财是一种福气，能很好利用财富的人同样享有这种福气，佛陀所说的断掉各种贪欲，并非是说让人变得无情无欲，而是说要消除人的不合理的过分的有碍身心健康的欲望，从而完善人生，使人生更加幸福。

第四辑

粗茶粝食亦果腹
——人穷同样能够很潇洒

谁都怕穷，但更怕的是心穷！再穷的日子，只要心还富足，就能活得很潇洒！做人，即使穷也要穷得像茶，苦中散发着一缕芬芳！

苦中自有一缕芬芳

生命是一种轮回。人生之旅，去日不远，来日无多，权与势，名与利……统统都是过眼云烟，只有淡泊才是人生的永恒。

苦一点没什么，它会让你更懂得珍惜自己的所有，更懂得享受生活，你也就更能体味到生活的幸福滋味！

清清是一个细致的、朴素的女孩，是个大学二年级的穷学生。一个男生喜欢她，但同时也喜欢另一个家境很好的女生。在他眼里，她们都很优秀，也都很爱他，他为选择自己的另一半很犯难。有一次，他到那个很穷的女孩家玩，当走到她简陋但干净的房间时，他被窗台上的那瓶花吸引住了——一个用矿泉水瓶剪成的花瓶里插满了田间野花。

他被眼前的情景感动了，就在那一刻，他选定了谁将是他的新娘，那便是摆矿泉水花瓶的那个女孩。促使他下这个决心的理由很简单，那个女孩子虽然穷，却是个懂得如何生活的人，将来，无论他们遇到什么困难，他相信她都不会失去对生活的信心。

雅莉是个普通的职员，生活简单而平淡，她最常说的一句话就是："如果我将来有了钱啊……"同事们以为她一定会说买房子买车，她的回答却令人们大吃一惊："我就每天买一束鲜花回家！""你现在买不起吗？"同事们笑着问。"当然不是，只不过对于我目前的收入来说有些奢侈。"她也微笑着回答。一日，她在天桥上看见一个卖鲜花的乡下人，他身边的塑料桶里放着好几把雏菊，她不由得停了下来。这些花估计是乡下人批来的，又没有门面，所以花便宜得要命，一把才5元钱，如果是在花店，起码要 15 元！于是她毫不犹豫地掏钱买了一把。

她兴奋地把雏菊捧回了家，在她的精心呵护下这束花开了一个月。每隔两三天，她就为花换一次水，再放一粒维生素 C，据说这样可以让鲜花开放的时间更长一些。每当她和孩子一起做这一切的时候，都觉得特别开心。一束雏菊只要 5 元钱，但却给雅莉和家人带来了无穷的快乐。

关琳是某大型国企中的一名微不足道的小员工，每天做着单调乏味的工作，收入也不是很多。但关琳却有一个漂亮的身段，同事们常常感叹说："关琳如果穿起时髦的高档服装，都能把一些大明星比下去！"对于同事的惋惜之词，关琳总是一笑置之。有一天，关琳利用休息时间清理旧东西，一床旧的缎子被面引起了她的兴趣——这么漂亮的被面扔了实在可惜，自己正好会裁剪，何不把它做成一件中式时装呢?! 等关琳穿着自己做的旗袍上班时，同事们一个个目瞪口呆，拉着她问是在哪里买的，实在太漂亮了！从此以后，关琳的"中式情结"一发不可收拾：她用小碎花的旧被单做了一件立领带盘扣的风衣，她买了一块红缎子面料稍许加工后，就让她常穿的那条黑长裙大为出彩……

三个身处不同环境的平凡女人有一个共同点：她们都能从平凡的生活中找到属于自己的幸福。清清很穷，但她却懂得尽力使自己的生活精致起来；雅莉生活平淡，她却愿意享受平淡的生活，并为生活增添色彩；关琳无法得到与自己的美丽相称的生活，但她没有丝毫抱怨，还尽量利用已有的东西装点自己的美丽，所以最快乐的人并不是一切东西都是美好的，她们只是懂得从平淡的生活中获取乐趣而已。

其实，世界上的大多数人都并不伟大，但平凡的人生同样可以光彩夺目。因为任何生命——平凡的生命和伟大的生命，都是从零开始的。只是平凡的人离零近些，伟大的人离零远些。

追求平凡，并不是要你不思进取，无所作为，而是要你于平淡、自然之中，过一个实实在在的人生。平凡乃人生的一种境界。肤浅的人生，往往哗众取宠，华而不实，故弄玄虚，故作深沉；而平凡的人生，往往于平淡当中显本色，于无声处显精神。平凡在某种程度上来说，表现为心态上的平静和生活中的平淡。平淡的人生犹如山中的小溪，自然、安逸、恬静。平凡的人生也无须雕琢，刻意雕琢就会失去自然、失去本性。

身处红尘之中，日出而作，日落而息，无宠无辱，自在逍遥，持平凡心，做平凡人，自有享受平凡的妙处。持平凡心，无欲做伟人，则虽无伟人博大精深的威仪，但也没有高处不胜寒，举手投足左顾右盼的尴尬；持平凡心，无欲为高官，则虽无炙手可热、一呼百应的威势，但也不用煞费苦心伺机钻营，拍马溜须、见风使舵，也不会一朝马失前蹄树倒猢狲散，因贪欲难抑东窗事发身陷囹圄；持平凡心，无意经商成巨富，则虽无做大款纳小妾、居华屋坐名车挥金如土的威风，但也没有终日搏击商场、身心俱疲、满身铜臭、买空卖空，一朝船翻在阴沟，欲捧金碗却砸了瓷碗的处境。

做平凡人是一种享受：享受平凡，勤耕苦作有收获，不求名利少烦恼；享受平凡，看海阔天空飞鸟自在翱翔；看山清水秀，无限风光在眼前。享受平凡，不是消极，不是沉沦，不是无可奈何，不是自欺欺人。享受平凡是因为平凡中你才能体会到生活的幸福和可贵，幸福不是腰缠万贯、豪华奢侈，幸福不是位高权重、呼风唤雨，幸福是对平凡生活的一种感悟，只要你经历了平凡，享受了平凡，就会发现：平凡才是人生的真境界！

“累”从何而来

人们之所以活得累，就是因为眼睛总盯着名利不放，这样活着会很辛苦。很多时候，执著也是一种负担，何不学着放下呢？放下了贪念，你就可以拥有真正的快乐。

有些外在富足的人可能是最痛苦、最不幸的人，在澳大利亚和加拿大，有近200万的富人正陷在沮丧情绪中，被迫接受医院的治疗。而一些人虽然贫穷，但却活得潇洒快乐，很多时候快乐其实是内心的富足，与金钱无关。

现在社会上很多人都说自己活得太累，是因为工作忙累吗？不见得。生活中有的人“一杯茶，一支烟，一张报纸看半天”也喊累。是个人家庭负担过重吗？也未必。感叹“活得太累”者中，不少人是人生旅途一帆风顺、丰衣足食者，断无生计之忧与养家糊口之虑。

那么，这些人“累”从何来？原因应该说是多方面的，除了生活节奏的加快、人际关系的复杂、不良风气的影响等客观因素外，从主观上检查主要的是欲望之累。人皆有欲，但欲不可纵。有道是“欲壑难填”。大凡说“活得累”者，都与欲望过奢有关。有些人比下有余，却总想着比上不足，于是便生出许多不满足：官不够大，钱不够多……而这些不满足不是转化为积极上进、参与竞争的动力，而是怨天尤人。在这种精神状态的支配下，当然不会“心想事成”“万事如意”，于是只有叹息“活得累”了。

在东方的一个国度里，有一对贫穷而善良的兄弟，他们靠每天上山砍柴过着艰辛的日子。一天，兄弟二人在山上砍柴时，正好遇见一只老虎在追咬一个老人。兄弟俩奋不顾身地与老虎搏斗，终于从老虎口中救下那位须发皆白的老人。而这位老人是一位神仙，他念及兄弟俩的善良和勇敢，于是许愿帮助他二人得到快乐，并让他们每人点一样物品，作为送给他们的礼物。

哥哥因为穷怕了，想要有永远用不完的金银财宝，于是，神仙送给他一个点石成金的手指，任何东西，只要他用这手指轻轻一触，就会立即变成金子。哥哥如愿以偿地成了富人，买了房子置了地，娶妻生子，过着十分富有的生活。

遗憾的是，金手指也成了他的一种负担。因为，只要他稍一不小心，他眼前的人和物就会在瞬间变成冷冰冰的、没有生命的金子。他甚至把他最宠爱的小女儿也变成了金子。朋友们都对他敬而远之，家人们也小心翼翼地防着他。守着取之不尽、用之不完的钱财，哥哥说不出自己是快乐还是不快乐。

而弟弟是一个单纯的人，他希望自己一辈子快快乐乐。于是，老神仙给了他一个哨子，并告诉他：无论什么时候，无论遇到什么事情，只要轻轻地吹一吹哨子，他就会变得快乐起来。

弟弟还是像以前一样，过着艰苦的生活，仍然需要与各种艰难困苦进行抗争，仍然需要靠辛勤地劳动获取温饱。但是，每当他遇到一些不称心如意的事情的时候，他就取出那只哨子，那动听的声音，就像一缕缕和煦的阳光，像一阵阵温暖的春风，驱走了他的忧伤和愁苦，给他带来快乐。

快乐是我们每一个人都在追寻的。这种追寻贯穿了我们的一生。然而，快乐的源泉在哪里？却不是每一个人都能找得到的。

生活中大多时候我们总是不满足，我们的心一直都在流浪旅行，我们从来没有走在回家的路上——我们永远不满足。

当我们没有房子时，就在想：如果有一间自己的房子就好了，哪怕是一间小小的平房。当我们住进楼房后，又想：怎么人家有别墅呢？空间又大、又有草地，这个小楼房算什么？……

知足常乐是一项几乎不可能的美德。为什么？因为世界上没有任何东西，能满足我们内心最深处的渴求。

而要想活得轻松一些，就是凡事豁达一点，洒脱一点，不必把一点点小惠小利看得过重，而要达到这种超脱境界，关键是寻求心灵的满足。如果一心想着个人享乐，贪恋钱欲、官欲，便无异于作茧自缚，不仅自己活得精疲力竭，还会危害他人。快乐若来自于物欲的满足，是短暂而不幸的，物欲没有止境，人生就会永无宁日，为了无休止的私欲，注定得与四周环境为敌。而只有来自于心灵的快乐，才是永久而幸福的，才有宁静、恬淡、平和之感，才有欣赏良辰美景的内在之眼。

真正的天堂在心中

如果你不能改变生活方式，那你就试着去改变自己的生活态度。同样的一件事，你的眼光不同，它在你心目中的价值也就有所不同，把清贫当成一种享受，你才能发现其中的乐趣。生活对待每一个人都是公平的，关键是你的心态。其实，真正的天堂就在我们心中，只要我们拿得起、放得下，生活就会充满快乐。

很多人都希望自己能过上富有、奢华的生活，然而当他们真的拥有了这一切时，却又发现自己并没有想象中快乐。

某地曾经发生过这样一件事：一对新婚夫妇从农村去城里打工，妻子在一所学校附近开了一个小小的成衣铺，丈夫则在市场里卖蔬菜，两人挣得都不多，但维持日常的用度却也足够了。那时他们最大的愿望就是努力赚钱，在城里买个房子。有一天妻子路过一个彩票销售点，就顺手买了一张，没想到好运从天而降，她居然中了500万。夫妇二人高兴得不得了——这一辈子都可以吃喝不愁了。可是把钱放在哪儿呢？放在家里，两人就会每天提心吊胆，存在银行里的话，哪个银行可靠呢？存在谁的名头下呢？两人为这个问题吵了好久，几乎翻了脸，这还只是一个开始。以后的一段日子里，双方的亲戚朋友一批批地来找他们借钱，而且数目都不小，无奈之下两人只好一视同仁，无论来的是谁一律拒绝，不到一个月，亲戚朋友就得罪光了。这一夜，两人无言对坐，妻子摸了摸落满灰尘的缝纫机，眼泪突然流了下来：自己明明有了很多钱，为什么却觉得失去了很多？

生活中，很多人也都像这对夫妻一样，羡慕别人人生里有无尽的风光和色彩，羡慕别人拥有的财富和名利，但是等他们拥有了原来自己所渴望的东西，他们却没有了快乐的感觉，反而茫然若失。很多时候我们得到了金钱，却失去了自己，无法弄清自己真正需要的是什么。

有一次，英国游客杰克到美国观光，导游说西雅图有个很特殊的鱼市场，在那里，买鱼是一种享受。和杰克同行的朋友听说以后，都感觉很好奇。

那天，天气不是很好，但杰克发现市场并非鱼腥扑鼻，迎面而来的是鱼贩们欢快的笑声。他们面带笑容，像合作无间的棒球队员，让冰冻的鱼像棒球一样在空中飞来飞去。大家互相唱和：“啊，5条鳍鱼飞明尼苏达去了。”“8只蜂蟹飞到堪萨斯。”这是多么和谐的生活，充满乐趣和欢笑。

杰克问当地的鱼贩：“你们在这种环境下工作，为什么会保持愉快的心情呢？”

鱼贩说："事实上，几年前这里简直毫无生气可言，大家整天抱怨。后来，众人认为与其抱怨，不如改变工作的品质。于是，大家不再抱怨生活的本身，而是把卖鱼当成一种艺术。再后来，一个创意接着一个创意，一串笑声接着另一串笑声，我们成了鱼市场中的奇迹。"

鱼贩又说："大伙练久了，人人身手不凡，可以和马戏团演员相媲美。这种工作气氛影响了附近的上班族，他们常到这里用餐，分享我们的好心情。一些无法提升团队士气的主管，甚至还专程跑来咨询。"

据说，有时鱼贩们还会邀请顾客参加接鱼游戏。即使惧怕鱼腥的人，也很乐意在热情的掌声中一试再试。每个愁眉不展的人进了鱼市场，最后都会笑逐颜开地离开，手中还会提满情不自禁买下的货，内心似乎也会悟出一点道理。

对于真正享受生活的人来说，任何不需要的东西都是多余的。要那么多的钱干什么？房子再大，适合睡眠的却只是一张床而已！

也许，人们说这是一个金钱推动的社会，是人们追求金钱的欲望以及拥有了金钱的虚荣使它永远向前。这是怎样的一种谬论啊！我们应该平静地面对生活给予的一切，不要让欲望这个没有止境的黑洞来洞穿我们的心灵。因为一旦我们的心灵上有了缺口，那么冷风就会肆无忌惮地在其中来回穿行，让我们终生失去温暖，变得孤单而寒冷。

也许，在我们今天的这个社会里，要冷静而坦然地面对身边的名利，可能很难，一般人都无法在心理上达到平衡。其实，与充满金钱的生活相比，平淡清贫不存在真正意义上的缺失和悬殊。金钱，生不带来，死不带去，而享有一次鱼贩一样富足的生命，才是我们所追寻的人生价值之所在。

对一个人来说，最重要的就是能以自己喜欢的方式生活，有时候过多的金钱反而会成为你最大的负担。

你可以随时享受生活

不要抓住金钱不放，你可以随时享受生活，而不必限定在有了一定数量的金钱以后。

我们总是认为必须有钱才能享受生活，事实上享受生活只和你的心态有关，和你的金钱并没有太大的关系。

在一个美丽的海滩上，有一位不知从哪儿来的老翁，每天坐在固定的一块礁石上垂钓。无论运气怎样，钓多钓少，两小时的时间一到，便收起钓具，扬长而去。

老人的古怪行为引起了一位小伙子的好奇。一次，这位小伙子忍不住问："当您运气好的时候，为什么不一鼓作气钓上一天？这样一来，就可以满载而归了！"

"钓更多的鱼用来干什么？"老者平淡地反问。

"可以卖钱呀！"小伙子觉得老者傻得可爱。

"得了钱用来干什么？"老者仍平淡地问。

"你可以买一张网，捕更多的鱼，卖更多的钱。"小伙子迫不及待地说。

"卖更多的钱又干什么？"老者还是那副无所谓的神态。

"买一条渔船，出海去，捕更多的鱼，再赚更多的钱。"小伙子继续回答。

"赚了钱再干什么？"老者仍是显出无所谓的样子。

"组织一支船队，赚更多的钱。"小伙子心里直笑老者的愚钝不化。

“赚了更多的钱再干什么？”老者已准备收竿了。

“开一家远洋公司，不光捕鱼，而且运货，浩浩荡荡地出入世界各大港口，赚更多更多的钱。”小伙子眉飞色舞地描述道。

“赚更多更多钱还干什么？”老者的口吻已经明显地带着嘲弄的意味。

小伙子被这位老者激怒了，没想到自己反倒成了被问者。“您不赚钱又干什么？”他反击道。

老人笑了：“我每天只钓两小时的鱼，其余的时间，我可以看看朝霞，欣赏落日，种种花草、蔬菜，会会亲戚朋友，优哉游哉，更多的钱对于我何用？”说话间，已打点行装走了。

抛弃了功利的思想，悠闲自在地在沙滩上垂钓，不用为钱耗费心力，不用与人钩心斗角，这是一种多么令人神往的人生境界啊！然而生活中，很多人还是认为只有自己挣到了足够的钱，才能不再为钱忧心，自在地享受生活了，然而真的是这样吗？

雷先生是一个成功的商人，家有娇妻爱子，汽车洋房，还有令人羡慕的事业，人人都说雷先生实在太幸运、太幸福了，但雷先生却总觉得自己活得很累：从早到晚应酬不断，私底下恨不得将对方一斩两段，表面上却还得跟对方称兄道弟，推杯换盏；生意场上费尽心力，明争暗斗，没完没了；公司里忙忙碌碌，事无大小都得亲力亲为……更可气的是回到家里妻子和孩子还不理解他，妻子指责他冷落了自己，孩子埋怨他不带自己出去玩，雷先生也一肚子火，自己在外这样拼死拼活都是为了多赚点钱，让一家人生活得更幸福，怎么一片好心倒落了一身埋怨呢？这不，为了工作他决定将已经一再推迟的家庭旅游计划再推迟一段时间，这个决定惹恼了妻子，两人大吵一架后，妻子带着孩子回娘家了，留下雷先生一个人在家喝闷酒：我到底哪儿做错了？

雷先生显然错解了幸福的含义，他似乎认为拥有的金钱越多，生活就越幸福，他也总在想：等我拥有足够的金钱，我就可以放下一切，自由地享受生活，然而金钱的诱惑似乎常常与手头拥有的数目直接成正比例：你拥有越多，你越想要。同时，每一元钱的增量价值，似乎与实际价值成反比例：你拥有越多，你需要越多。金钱能够买到舒适，促进个人自由。但一旦钻到钱眼里，金钱就会束缚个人的自由。因此，雷先生如果不改变心态，那么即使拥有更多的钱，他也仍旧无法为自己和家人带来快乐。

亚里士多德曾这样描写那些富人们：“他们生活的整个想法，是他们应该不断增加他们的金钱，或者无论如何不损失它。一个美好生活必不可缺的是财富数目，财富数目是没有限制的。但是，一旦你进入物质财富领域，很容易迷失你的方向。

45 岁的银行家弗兰克说：“虽然我拥有超过 200 万英镑的财产，但我感到压力很大，我不能在每年 15 万英镑的基本收入的基础上使收支相抵。我想也许我正在失控，我总是苦于奔波，但我还是错过了好多约会。当我不得不做决定时，我感到好像有人把他的拳头塞进了我的肠子里。午夜时，我会爬起来开始翻报表，我只是想让我平静下来。我无法睡觉，无法停下来。然而我还是不能取得进步。”

很明显，在弗兰克看来，他所取得的一切都没什么意义，他真的相信，当他达到他的金融目标时，他将感觉像一位国王。金钱已成为他的自尊和支柱，一种对人的价值的替代之物。他意识到金钱本身绝不可能让他幸福，并且一直到他重新界定他的价值和他的优先考虑事项为止，弗兰克将继续在成功边缘摇摆不定，将他的家庭和他的健康置于危险之中。

迷恋金钱有多种表现方式，弗兰克只是体现出其中一些。然而，有一条把所有这些情况贯穿起来的共同线索，在这一点，金钱作为美好生活的手段的价值消失了，金钱本身成了一种目的。当它被置于爱情、信任、家庭、健康和个人幸福之前时，它总是倾向于腐烂。

别让金钱谋杀你的幸福

当我们过分迷恋于金钱时，金钱就会使人性变得畸形，它就像一个理智的杀手一样，把人引诱到一个可怕的阴谋中，并残忍地斩断亲情、友情和爱情。

每个人都喜欢金钱，因为金钱可以让人生活得更舒适，行动更自由。比如说，有了钱，我们就可以去各地旅行；有了钱，我们就可吃遍各种美食，有了钱……但对于金钱和财富，我们要持有一种健康的心态才行，不然即使有大把的金钱你也不会快乐，也不懂得运用它。我们生活的目的大多数是想生活得更好一些。然而我们又不可过于看重金钱，因为一旦钻到钱眼里，金钱就会束缚个人的自由，破坏原有的美好生活。金钱的诱惑力，常常与手头拥有的数目多少直接成正比。你拥有的越多你就想要的越多，你需要的也就越多。财富基础是生活稳定的美好前提，但是我们要清楚，财富数目是永远没有止境的，一旦我们开始狂热地追求财富，是很容易迷失方向的。

有这样一对青年，他们婚后生活得美满幸福，并且有了两个可爱的孩子，邻居们都非常羡慕他们。然而，丈夫总觉得自己的家庭与他见到的富户相比，显得太寒酸了。于是，他告别了妻儿老小，终年奔波在外，处心积虑地挣钱。天长日久，妻子感到家庭冷清沉寂，尽管有了更多的钱财，却无异于生活在镶金镀银的墓穴中。孩子长大了，却没有见过爸爸。后来，爸爸终于回来了，可是，他在一次生意中被人骗了而破产，成了一个衣衫褴褛、垂头丧气的人。孩子望着这位泪流满面的“叔叔”，惊异地说：“要饭的，我妈妈不在家，待会儿她买好吃的回来了，再给你吃吧！”

妻子回来了，她是位忠厚、贤惠的妇人，多年来，她一直惦记奔波在外的丈夫，看到丈夫的那一刻，她什么都明白了。

丈夫像孩子似的扑进妻子的怀里，泣不成声地说：“完了，一切都完了，我的心血全被那帮坏蛋吸干榨尽了，我没有活路了，我的路走完了，我后悔死了。”

妻子满是怜惜地看着丈夫，仔细地听完了丈夫的哭诉，然后，她用手轻抚他的头发，脸上露出了几年来从未有过的微笑，说：

“你的路曾经走错了，但现在你的心终于回来了。这是我们全家真正幸福生活的开始。只要我们辛勤劳动、安居乐业，幸福还会伴随我们。”

是的，幸福与诚恳老实是分不开的，而任何企图搞邪门歪道的人，都休想踏进幸福的大门。从此以后，夫妻二人带着两个孩子辛勤劳动，共同经历风雨，用自己的汗水换来了丰硕的成果。尽管他们的生活并不奢华，但爱的心愿充溢着他们的心房，他们重新找回了昔日生活的美好，也懂得了生活真正的含意。

有一对很要好的朋友在树林里散步，突然有个乞丐慌忙地从丛林中跑出来，他们便问道：“什么事让你这么惊慌失措？”

乞丐说：“太可怕了，我在树林里挖到了一堆金子！”

两个人心里禁不住地想：“这个人真是傻瓜！挖到黄金，这么好的事情居然觉得害怕！”于是他们问道：“你在哪里挖到的？能告诉我们吗？”

乞丐问：“这么厉害的东西，你们不怕吗？它会吃人的！”

那两个人不以为然地说：“我们不怕，请你告诉我们在哪儿吧！”

乞丐说：“就在森林最东边的那棵树下面。”

两个朋友立刻找到那个地方，果然发现了很多金子。

一个人对另一个人说："这个乞丐真是愚蠢，有这些金子他根本用不着再讨饭了，而且人人渴望的金子在他眼里却成了吃人的东西！真是个傻瓜，难怪要一辈子讨饭。"

另一个人也随声附和地点头称是。

他们于是讨论怎么处置这些金子，其中一人说："白天拿回去不太安全，还是晚上再拿回去吧。我在这儿看着，你回去拿些饭菜，我们等到天黑再把金子拿回去吧。"

另外一个人就照他说的去做了。留下的那个想："如果这些金子都归我一个人多好呀。等他回来，我就用棍子打死他，这些金子就都属于我了。"他开心地笑了。

回去拿饭的那个也在想，独占这些金子该多好呀，于是就在饭菜里下了毒，要毒死他这位朋友。

刚回到树下，那个朋友就用木棍将他打死，然后说道："亲爱的朋友，我本不想杀你的，可是这堆金子逼迫我这样做。"

之后，他拿起朋友送来的饭菜，狼吞虎咽地吃起来了。没过多久，他就觉得肚子里如火烧一样，他知道自己中毒了，临死前他无限感叹地说："乞丐说的话真是一点都不错呀！"

为了金钱杀害自己最亲密的朋友，人为财死，鸟为食亡，这是多么悲哀的一幕！因为贪念而放不下，这是非常危险的，它伤害的不仅是自己，而且是别人，甚至可能是我们至亲至爱的人。

金钱是获取美好生活的一种手段，而不是万能的神明。过分执迷于金钱，人的情感就会变得冷漠；过分追逐金钱，人就会产生妒忌和猜疑，所以我们应当学会正视金钱，别让金钱谋杀了你的幸福。

穷未必苦，富未必福

一个人如果欲望太多，他就会变得贪婪，他所受到的限制就越大；一个人的欲望越少，他就会越自由、越幸福。一个永不知足的人是无法感受到幸福的。

人，饥而欲食，渴而欲饮，寒而欲衣，劳而欲息。幸福与人的基本生存需要是不可分离的。人们在现实中感受或意识到的幸福，通常表现为自身需要的满足状态。人的生存和发展的需要得到了满足，便会产生内在的幸福感。幸福感是一种心满意足的状态，植根于人的需求对象的土壤里。

然而，很多人都是希望自己拥有得再多一些，从来没有满足的时候。民间流传着一首《十不足诗》：

终日奔忙为了饥，才得饱食又思衣。冬穿绫罗夏穿纱，堂前缺少美貌妻。娶下三妻并四妾，又怕无官受人欺。四品三品嫌官小，又想面南做皇帝。一朝登了金銮殿，却慕神仙下象棋。洞宾与他把棋下，又问哪有上天梯。若非此人大限到，上到九天还嫌低。

这首诗对那些贪心不足者的恶性发展写得淋漓尽致。物欲太盛造成的灵魂变态就是永不知足：没有家产想家产，有了家产想当官，当了小官想大官，当了大官想成仙……精神上永无宁静，永无快乐。

在陕西南部山区有一位还未脱贫的农民，他常年住的是漆黑的窑洞，顿顿吃的是玉米、土豆，家里最值钱的东西就是一个盛面的柜子。

可他整天无忧无虑，早上唱着山歌去干活，太阳落山又唱着山歌走回家。别人都不明白，他整天乐什么呢？

他说："我渴了有水喝，饿了有饭吃，夏天住在窑洞里不用电扇，冬天热乎乎的炕头胜过暖气，日子过得美极了！"

这位农民物质上并不富裕，但他却由衷地感到幸福。这是因为他没有太多的欲望，从不为自己欠缺的东西而苦恼的缘故。

与这个农民相反的是一个卖服装的商人。这个商人有很多钱，但他却终日愁眉不展，睡不好觉。细心的妻子对丈夫的郁闷看在眼里，急在心上，她不忍丈夫这样被烦恼折磨，就建议他去找心理医生看看，于是他前往医院去看心理医生。

医生见他双眼布满血丝，便问他："怎么了，是不是受失眠所苦？"服装商人说："是呀，真叫人痛苦不堪。"心理医生开导他说："别急，这不是什么大毛病！你回去后如果睡不着就数数绵羊吧！"服装商人道谢后离去了。

一个星期之后，他又出现在心理医生的诊室里。他双眼又红又肿，精神更加颓丧了，心理医生复诊时非常吃惊地说："你是照我的话去做的吗？"服装商人委屈地回答说："当然是啊，还数到三万多只呢！"心理医生又问："数了这么多，难道还没有一点睡意？"服装商人答："本来是困极了，但一想到三万多只绵羊有多少毛呀，不剪岂不可惜？"心理医生于是说："那剪完不就可以睡了？"服装商人叹了口气说："但头疼的问题又来了，这三万只羊的羊毛所制成的毛衣，现在要去哪儿找买主呀？一想到这儿，我就睡不着了！"

这个服装商人就是生活中高压人群的真实写照，他们被种种欲望驱赶着跑来跑去，疲乏至极，每天睁开眼睛想到的是金钱，闭上眼睛又谋划着权力，日复一日，年复一年，这样的人怎么会享受到幸福呢？

有些欲望是自然而必要的，有些欲望是非自然而不必要的，前者包括面包和水，后者就是指权势欲和金钱欲等。人不可能抛弃名利，完全满足于清淡生活，但对那些不必要的欲望，至少应当有所节制。

钱能捧人亦能毁人

再多的金钱也买不来快乐，反而会让你越活越累，何苦如此呢？放弃对金钱的贪念吧，你会因此得到更多的快乐！

钱浓缩着人所有的希望！人之所以在不断创造、在不断进取，是因为看到了钱和钱负载的力量和利益。

金钱只是一种工具，是很有用也没有用的资源。从古至今，金钱成就了很多人但也毁了很多人。关键之处在于掌握金钱的人如何对待这个身外之物。人们熟知的美国石油大王洛克菲勒就是一个典型的实例。他出身贫寒，在创业初期，人们都夸他是个好青年。当黄金像贝斯比亚斯火山流出的岩浆似的流进他的金库时，他变得贪婪、冷酷。同时也伤害到宾夕法尼亚州油田地带公民的切身利益——农田被毁，生活不得安宁。无数充满憎恶和诅咒的威胁信涌进他的办公室。连他的兄弟也十分讨厌他，而特意将儿子的遗骨从洛克菲勒家族的墓园迁到其他地方，并说："在洛克菲勒支配下的土地内，我的儿子也无法安眠。"

洛克菲勒在53岁时，疾病缠身，人变得像个木乃伊，医生们终于向他宣告了一个可怕的事实：他必须在金钱、烦恼、生命三者中选择其一。这时，他才开始醒悟到是贪婪的魔鬼控制了他的身心。他听从了医生的劝告，退休回家，开始学打高尔夫球，上剧院去看喜剧，还常常跟邻居闲聊。经过一段时间的反省，他开始考虑如何将庞大的财产捐给别人。

起初，这并不是一件容易的事，他捐给教会，教会不接受，说那是腐朽的金钱。但他不顾这些，继续热衷于这一事业。听说密歇根湖畔一家学校因资不抵债而被迫关闭，他立即捐出数百万美元而促成如今国际知名的芝加哥大学的诞生。洛克菲勒还创办了不少福利事业，帮助黑人。从那以后，人们渐渐地理解了他，开始用另一种眼光来看他。他造福社会的“天使”行为，不但受到人们的尊敬和爱戴，还给他带来了用钱买不到的平静、快乐、健康加高寿，他在53岁时已濒临死亡，结果却以98岁的高龄辞世。

洛克菲勒曾被金钱带入另一个轨道，幸运的是他及时让自己回复了神志，得到了重获新生的机会。在他死时，只剩下一张标准石油公司的股票。生活是需要平衡的，每一个环节都很重要，不能稍有偏废。如果过分贪婪，把握不住必要的尺度，就很容易受到伤害。

佛家有云：“钱财乃身外之物。”生不带来，死不带去；得之正道，所得便可喜，用之正道，钱财便助人成就好事。如果做了守财奴，一点点小钱也看得如性命，甚至为了钱财忘了义理，为一得失不惜毁了容颜丢掉性命，那也就是为物所役，那“倒不如无此一物”了。所以前人说，人这一生可留意于物，但绝不可留恋于物，更不可为物所役，可见，锁住贪欲是非常必要的。

穷又有什么关系

穷有什么关系？！穷并不意味着比别人低贱，穷同样可以活出自己的滋味，只要你能以开阔的心胸面对这个世界，做个穷人其实也不错！

人的心思太杂太烦，站在繁华的都市街口，东边是金钱，西边是名誉，南边是地位，北边是权力。于是，人总是东奔西走，南冲北突，想要的东西太多，眼睛盯着浮华世界里的功名利禄，到死才发现得到的东西很多，丢了的东西更多。生活也有能量守恒定律，追逐的同时，何不找个时间休息一会儿，翻一翻身上的背囊，看你丢了什么没有？

海边小镇有这样一家人，女人长得毫无姿色可言，甚至可以称之为丑，但脸上却始终挂着开心的笑。清晨，天还没亮，她就抱着孩子和男人出去接菜、卖菜，黄昏时，她坐在男人推着的木推车上。

她的怀里不是搂着她的儿子，就是破箱子、水桶、饼干盒……那男人龇牙咧嘴地推着车子，黄褐色的头发湿淋淋地贴在尖尖的头颅上，打着赤膊，夕阳下的皮肤红得发亮，半长不短的裤子松垮垮地吊在屁股上。胖女人常常优哉游哉地吃着雪糕！在她那铁棍似又黑又亮又结实的手臂里的小男孩时不时把母亲的雪糕抓过去咬一口，母子俩在木推车上争着吃。女人脸上尽是笑，笑得眼睛更小、鼻更塌、嘴巴更大。

有时她的脸可能搽了粉，黑不黑，白不白，有点灰有点青，粗硬的卷发老让风吹得在头顶纠成一团，而后面那瘦男人就看得那么开心，天天推着木推车，车上的胖女人天天坐在那儿又吃又喝。有一次不知怎的，木推车不听话地直往桥脚下一棵树冲去，男人直着脖子拼命拉，木推车还是往树上撞去，女人手中的雪糕撒了她跟小男孩一头一脸。男人望着车上的母子俩人大笑不止，女人一边抹去脸上的雪糕，一边咒骂，一边跟着笑，笑得夕阳红了脸，笑得路人弯了腰。

唉，管什么男的讲风度，女的讲气质，什么人生的理想，生活的目标，什么经济不景气，一家三口，每天快快乐乐地出去卖菜，每天快快乐乐地捡点破烂，然后跟着夕阳回家，这就是他们的快乐生活。

丑成那样，穷成那样，又有什么关系呢？人生无须所求太多，口袋里的票子够花就行。家里的房子温馨就行，追求太高，欲望太高，往往就像打肿脸充胖子，表面看着风光无限，却丢了快乐幸福和自由。

得到了荣誉、宠禄不必狂喜狂欢，失去了也不必耿耿于怀，忧愁哀伤，这里面有一个哲理，即得失界限不会永远不变。一切功名利禄都不过是过眼云烟，得而失之，失而复得这种情况都是经常发生的，意识到一切都可能因时空转换而发生变化，就能够把功名利禄看淡看轻看开些，做到“荣辱毁誉不上心”。

历来有些精神追求的人，往往在荣辱问题上采取顺其自然的态度。或仕或隐，无所用心；能上能下，宠辱不计，只要顺势、顺心、顺意即可。这样一来，既可以在条件允许的情况下为百姓做点好事，又不至于为争宠争禄而劳心劳神，去留无意，亦可全身远祸；有时在利害与人格发生矛盾时，则以保全人格为最高原则，不以物而失性、失人格。如果放弃人格而趋利避害，即使一时得意，却要长久地受良心谴责。

如何看待荣辱，什么样的人生观自然会有什么样的荣辱观，荣辱观是一个人人生观、处世态度的重要体现。有人以出身显赫作为自己的荣辱，讲究所谓的公、侯、伯、子、男。有人以钱财多寡为标准。所谓“财大气粗”“有钱能使鬼推磨”“金钱是阳光，照到哪里哪里亮”，以及“死生无命，荣辱在钱”“有啥别有病，没啥别没钱”等俗话正是揭示了以钱财划分荣辱的标准。

在荣辱问题上，做到“难得糊涂”，“去留无意”，这才叫潇洒自如，顺其自然。一个人，当你凭自己的努力、实干，靠自己的聪明才智获得了应得的荣誉、奖赏、爱戴、夸耀时，应该保持清醒的头脑，有自知之明，切莫受宠若惊，飘飘然，自觉霞光万道，所谓“给点光亮就觉灿烂”。无可无不可，宠辱不惊，当如古人阮籍所云“布衣可终身，宠禄岂足赖”。一切都不过是过眼云烟，荣誉已成过去时，不值得夸耀，更不足以留恋。另一种人，也肯于辛勤耕耘，但却经不住玫瑰花的诱惑，有了荣誉、地位，就沾沾自喜，飘飘欲仙，甚至以此为资本，争这要那，不能自持。更有些人，“一人得道，鸡犬升天”，居官自傲，横行乡里，他活着就不让别人过得好。这些人是被名誉地位冲昏了头脑，忘乎所以了。

明成祖朱棣称帝后，论功行赏，姚广孝功推第一。故成祖即位后，姚广孝位势显赫，极受宠信。先授道衍僧录左善世，又拜善大夫太子少师。复其姓，赐名广孝。成祖与语，称少师而不呼其名以示尊宠。然而，当成祖命姚广孝蓄发还俗时，广孝却不答应；赐予府第及两位宫人时，仍拒不接受。他只居住在僧寺之中。每每冠戴上朝，退朝后就穿上袈裟。人问其故，他笑而不答。他终生不娶妻室，不蓄私产。唯一致力其中的，是从事文化事业。曾监修太祖实录，还与解缙等纂修《永乐大典》。学术思想上颇有胆识，史称他“晚著道余录，颇毁先儒”，当然，也曾招致一些人的反对。

永乐十六年（1418）三月，姚广孝84岁时病重，成祖多次看视，问他有何心愿，他请求赦免久系于狱的建文帝主录僧溥洽。成祖入应天时，有人说建文帝为僧循去，溥洽知情，甚至有人说他藏匿了建文帝。虽没有证据，溥洽仍被枉关十几年。成祖朱棣听了姚广孝这唯一的请求后立即下令释放溥洽。姚广孝闻言顿首致谢，旋即死去。成祖停止视朝二日以示哀悼。赐葬房山县东北，命以僧礼隆重安葬。

商业社会，要真正做到脱离物质而一味追求人格高尚纯洁确实很难。但要有了人格追求，起码可以活得轻松潇洒些，不为物质所累，更不会为一次晋级、一次调房、一次涨薪而闹得不可开交，即使不争不闹心中也闷闷不乐，郁郁寡欢；也不会为功名利禄而趋炎附势，投其所好，出卖灵魂，丢失人格。现实生活中，每个人都可能有一两次这样的经验和体会，当你放弃利害，保住人格时，那种欣喜愉悦是发自肺腑的、淋漓尽致的。一个坦坦荡荡的人，他的心是宁静安逸的；而蝇营狗苟的小人，其心境永远是风雨飘摇的。

第五辑

得来失去皆有因
——人有一得则必有一失

这世间事，有得必有失，有失必有得，在你抓住事物的一面时，就意味着放弃了它的另一面。别再想着鱼与熊掌兼得，在得与失之间做出一个适合自己的选择。

人生就在得失间

人生本就是在得失间度过，擦亮你的智慧之眼，在取舍间做出一个正确的选择。

我们做人做事，如果一点都放不开，什么也舍不得的话，很可能就什么也得不到；你捡起一块石头之后总也放不下的话，双手就不能用来干别的事了。

而一个人的精力总是有限的，如果什么都想得到，心太散，则很可能什么也得不到，什么事也做不成。有的人总幻想做遍世上的一切工作，那太不现实了。人还是一辈子只做几件事好，但是要把那几件做得像个样子。

在梦中的天姥山的石阶上，脚着谢公履，看海日，闻天鸣，醒来便仰天长啸出门去，不肯摧眉折腰事权贵的李白选择了骑鹿游名山，失去了权势，却得到了开心颜。

在南山蜿蜒的小路上，东篱下，一个采菊的身影，挥罢衣袖，吟道："少无适俗韵，性本爱丘山。"在误落尘网三十年后，陶渊明选择了守拙归田园，失去了五斗米，却挺直了他的脊梁。

在惶恐滩头，在零丁洋里，文天祥一身浩然正气，不被利禄所惑，不为强暴所服，失去了生命，却得到了千古赞颂。

不是一切失去都只意味着缺憾。

在国家生死存亡的关头，为了个人的恩怨，为了一己之私，秦桧谗言献媚，一句"莫须有"，断送了宋国大好河山。是的，他得到了满足，却留下了千古骂名。

在列强任意践踏我们的民族的危难中，为了荣登大宝，圆皇帝梦，袁世凯泯灭良知，断然签下了旨在灭亡中国的“二十一条”。是的，他得到了帝国主义的支持，最终却在绝望中死去。

在国家蓬勃发展的时候，在人民需要体恤的时候，为了金钱，为了虚荣，贪官们忘记了信仰，背叛了人民，伸出了贪污之手。是的，他得到了一时的荣华，却最终难逃法网。

在人生道路上，在花花世界里，你是否看清：不是一切失去都意味着缺憾，不是一切得到都意味着圆满。

不要为失去的追悔伤心，也许失去意味着更好的得到，只要你选择的是纯洁而又美好的理想；不要为得到的而沾沾自喜，也许得到代表着你失去了更多，如果你选择的是虚荣而又自私的目标。

两个诗僧在幽静的林子里、在月光下对话。一问：世人谤我、欺我、辱我、恶我，如何？一答：你只需由他、任他、忍他，你且看他。

是啊，无论失去或得到，只需用一颗平静的心去面对，缺也会是圆。

得与舍的关系是很微妙的，一个人一生中可能只能得到有限的几样东西，甚至几点东西。而这些东西可能要用一生的时间来换取，所以在这个意义上人生是个悲剧。这个世界上有那么多美好的东西，可是那一切好像与你无关，它对于你只是作为一种诱惑出现，你只能眼睁睁看着别人将它拿走。如果一点都放不开，什么都舍不得，什么都想得到，就会活得很累。可是你本来就一无所有，甚至这世界上本来就无你，从这点看，你已经获得了几样东西，最起码获得了生命，和来世界走一遭的体验。上帝对你还是不错的，起码你在这个美好纷繁的世界上旅游了这些年，所以你看，你是不是又得到了许多？

参透了得与失，就不会得意忘形，也不会悲观失望；有了一颗平常心，一颗从容心，就可以做事了。

有一得必有一失

人生无处不是选择，既然无法拥有一切，那就会有取有舍；若要贪全，恐怕最后只能是一无所得。

世间事，凡有一得必有一失，凡有一失必有一得。

如风来自农村，在他高中毕业的时候，家里的积蓄已经不多，为了不让家里的负担更重，进了大学，他就申请了助学贷款。还在大学里就读的他在一家房地产公司兼职，通过努力工作，他逐渐从一个普通的业务员做到了店面经理。学习与工作的压力让他感到身心疲惫。这个时候，一个女孩走入了他的视线。她坦诚率直的个性深深地吸引了如风，他们无所不谈，如风向她诉说自己在工作与学习中的烦恼，她总能够安慰并且鼓励如风，这也使得如风心里的阴霾一扫而光。随着一天天的交往，聊天的内容也超越了普通朋友的范围，后来他们确立了恋爱关系。

快过春节的时候，女孩因家里逼婚，跑了出来。如风让她和自己一起回家过春节，女孩同意了。他们一起回到了如风贫困的老家。女孩自小生活优越，被家人当千金大小姐般疼着护着，可她并没有大小姐的脾气。她喜欢吃辣，如风家几乎不沾辣，她对此从不抱怨，别人问起时她总说好吃。看到家里的一些与她生活习惯不合的地方，她从不皱一下眉头。如风的家人都喜欢她，并且认同她。父亲嘱咐如风要好好对待女孩，并告诫他说，如果失去了她将是如风一辈子的损失。

回到城市之后，他们住在了一起。他去上班，女孩就在家里做好饭等他回来。每次下班回来，一上楼，她就会出现在楼梯口，微笑着看如风。后来，如风工作得很拼命，工作占据了他的大部分时间与精力，有些顾不上女孩。他害怕过那种没有钱的贫困生活，他想通过自己的努力让家人过上好日子。

这个时候，女孩怀孕了，如风觉得自己还那么年轻，事业才刚刚起步，无论是金钱还是精力上都负担不起这个孩子。在他的劝说下，女孩最终同意打掉孩子。女孩一个人在一个偏僻的医院里，把孩子做掉了，这个时候，如风为了能赚足够多的钱开了一家属于自己的公司，他更加忙碌了。在女孩最脆弱、最需要他的时候，他却没有陪在她的身旁，这种伤害也许比身体上的伤害来得更加强烈，也更加持久。

女孩因为孩子的事情恨如风，最终离如风而去。如风现在拥有了自己的房地产公司，虽然现在已经步入轨道，业绩也越来越好，但自从女孩走后，他做什么都提不起精神，觉得所做的一切都不再有意义了。他想要离开自己所在的城市，到一个新的环境里开始新的生活。

故事说到这里，不知你看过之后有何感触：如风拥有了自己一直以来渴望得到的金钱，在追求金钱的道路上，他失去了自己的女友。现在他有钱了，可心底里的那份深深的内疚与自责恐怕会伴随他一生。如果当初对待金钱，他能够拿得起放得下一点，不是那么强烈地想要有钱，多花些精力在女友身上，结果就会有所不同。有些时候放弃金钱也是另外一种获得，比方如风，他就会获得爱情，或许他不会有很多钱，但是，相信他会比现在开心快乐很多。

人生恰如一杯清茶，舍得才知其清甜，放下才闻其香郁！懂得放下就懂得生活，懂得生活必定玩转人生。人生就如放飞气球，舍得才知其自由，放下才感其奔放！

错过美丽，收获的未必是遗憾

别在为错过劳神伤心，我们错过了美丽，收获的却并不一定是遗憾，有时甚至可能是圆满！

生活中有一种痛苦叫错过。人生中一些极美、极珍贵的东西，常常与我们失之交臂，这时的我们总会因为错过美好而感到遗憾和痛苦。其实喜欢一样东西未必非要得到它，俗话说："得不到的东西永远是最好的。"

当你为一份美好而心醉时，远远地欣赏它或许是最明智的选择，错过它或许还会给你带来意想不到的收获。

我们匆匆行走于这个世界时，是否可以将一路的美景尽收眼底？是否可以将世间珍品都收归已有？不，不可能，甚至大多数的时候我们常常错过它们。于是，人生便有了"遗憾"这一词组。仔细想想，遗憾能给你留下什么？除了一种难以诉说的隐痛，似乎没有任何好处。所以，不要让自已总是怀有这种隐痛，佛法讲"万事随缘"，既然你与之无缘，那就随它自去吧！

有这样一个故事以警世人：

小孩在一处平静之地玩耍，这时来了一位禅师，他给了小孩一块糖，于是，小孩非常高兴。

过了一会儿，禅师看见小孩哭得很伤心，就问他为什么要哭，那小孩说："我把糖丢了。"

禅师想："这小孩没糖时很平静，平白无故得到糖时很高兴，等到糖丢了时，便极度伤心。失去糖后，应与没得到糖时一样呀，又有什么伤心的呢！”

是啊，为什么要伤心呢？

岁月会把拥有变为失去，也会把失去变为拥有。你当年所拥有的，可能今天正在失去，当年未得到的，可能远不如今天你正拥有的。有时候错过正是今后拥有的起点，而有时拥有恰恰是今后失去的理由。

美国的哈佛大学要在中国招一名学生，这名学生的所有费用由美国政府全额提供。初试结束了，有 30 名学生成为候选人。

考试结束后的第 10 天，是面试的日子。30 名学生及其家长云集锦江饭店等待面试。当主考官劳伦斯·金出现在饭店的大厅时，一下子被大家围了起来，他们用流利的英语向他问候，有的甚至还迫不及待地向他做自我介绍。这时，只有一名学生，由于起身晚了一步，没来得及围上去，等他想接近主考官时，主考官的周围已经是水泄不通了，根本没有插空而入的可能。

于是他错过了接近主考官的大好机会，他觉得自己也许已经错过了机会，于是有些懊丧起来。正在这时，他看见一个外国女人有些落寞地站在大厅一角，目光茫然地望着窗外，他想：身在异国的她是不是遇到了什么麻烦，不知自己能不能帮上忙。于是他走过去，彬彬有礼地和她打招呼，然后向她做了自我介绍，最后他问道：“夫人，您有什么需要我帮助的吗？”接下来两个人聊得非常投机。

后来这名学生被劳伦斯·金选中了，在 30 名候选人中，他的成绩并不是最好的，而且面试之前他错过了跟主考官套近乎、加深自己在主考官心目中印象的最佳机会，但是他却无心插柳柳成荫。原来，那位异国女子正是劳伦斯·金的夫人，这件事曾经引起很多人的震动：原来错过了美丽，收获的并不一定是遗憾，有时甚至可能是圆满。

人生要留一份从容给自己，这样就可以对不顺心的事处之泰然；对名利得失，顺其自然。要知道世上所有的机遇并不都是为你而设的，人生总是有得有失，有成有败，生命之舟本来就是在得失之间浮沉！美丽的机会人人珍惜，然而我们却并非都能抓住，错过了的美丽不一定就值得遗憾。

战争时期，有一个人居住的地方遭遇了一次敌机的空袭。当时，他匆匆跑向一个拥挤不堪的防空洞，但是却发现洞内人满为患，无奈之中，他只能怀着遗憾朝远处的另一个防空洞跑去，还没等他跑出多远，突然身后传来一声巨响，敌机扔下的炸弹落地爆炸，刚才他去过的那个防空洞不幸被命中，洞中无一人生还。

从前，一位旅行者听说有一个地方景色绝佳，于是他决定不惜一切代价也要找到那个地方，一饱秀色。可是经历了数年的跋山涉水、千辛万苦后，他已相当疲惫，但目的地依然遥遥无期。这时，有位老者给他指了一条岔路，告诉他美丽的地方很多很多，没必要沿着一条路走到底。他按老者的话去做了，不久他就看到了许多异常美丽的景色，他赞不绝口，流连忘返，庆幸自己没有一味地去找寻梦中那个美丽的地方。

生活就是如此，跋涉于生命之旅，我们的视野有限，如果不肯错过眼前的一些景色，那么可能错过的就是前方更迷人的景色，只有那些善于舍弃的人，才会欣赏到真正的美景。

有些错过会诞生美丽，只要你的眼睛和心灵始终在寻找，幸福和快乐很快就会来到。只是有的时候，错过需要勇气，也需要智慧。

喜欢一样东西不一定非要得到它。有时候，有些人为了得到他喜欢的东西，殚精竭虑，费尽心机，更有甚者可能会不择手段，以致走向极端。也许他在拼命追逐之后得到了自己喜欢的东西，但是在追逐的过程中，他失去的东西也无法计算，他付出的代价应该是很沉重的，是其得到的东西所无法弥补的。

为了强求一样东西而令自己的身心疲惫不堪，这很不划算，况且有些东西一旦你得到以后，日子一久或许就会发现它并不如原本想象中的好。如果你再发现你失去的比得到的东西更珍贵的时候，你一定会懊恼不已。俗话说："得不到的东西永远是最好的。"所以当你喜欢一样东西时，得到它也许并不是最明智的选择，而错过它却会让你有意想不到的收获。总之，人生需要一点随意和随缘，不为失去了的遗憾，也不为希求着的执著。无执、无贪，这便是禅的随性境界。

许多的心情，可能只有经历过之后才会懂得，如感情，痛过了之后才会懂得如何保护自已，傻过了之后才会懂得适时的坚持与放弃，在得到与失去的过程中，我们慢慢认识自已，其实生活并不需要这么些无谓的执著，没有什么真的不能割舍的，学会放弃，生活会更容易！

因此，在你感觉到人生处于最困顿的时刻，也不要为错过而惋惜。失去的折磨会带给你意想不到的收获。花朵虽美，但毕竟有凋谢的一天，请不要再对花长叹了。因为可能在接下来的时间里，你将收获雨滴的温馨和戏雨的浪漫。

得一物多一心，少一物少一念

人生一世，是不可能一帆风顺的。只有不拘外物，才会另有收获。人生一切痛苦的根源，就是对于外物的追求和执著。超越外物，就是超越自我。无物也就是无我，自己的心境也就不会随着外物的变化迁移而波动。正所谓"是进亦忧，退亦忧"，不假于物，才能造就真实的自我。

五光十色的视觉感受，会让人眼花缭乱产生错觉；杂乱的靡靡之音听多了，听力会变得迟钝；丰美的饮食，使人味觉迟钝；纵情围猎，使人内心疯狂；珍稀的器物，使人行为失常。因此，有道的人只求安饱而不追逐声色之娱，摒弃物欲的诱惑而吸收有利于身心自由的东西。

老子说，如果一个人过分追求感官刺激，则会伤其身、乱其心。

一个人一旦被欲望缠上了身，他就难以得到安宁，时刻仿佛有大患在身，无论得宠还是受辱，在心理上都时时会处于惊恐之中。

人生历世，得一物多一心，少一物少一念，不要为外物所拘，心安理得处，就可明心见性。

古时有个商人娶了4个老婆：第一个老婆伶俐可爱，像影子一样陪在他身边；第二个老婆是他抢来的，美丽而让人羡慕；第三个老婆，为他打理日常琐事，不让他为生活操心；第四个老婆，整天都在忙，但他不知道她忙什么。

商人要出远门，因旅途辛苦，他问哪一个老婆愿意陪伴自己。

第一个老婆说："我不陪你，你自己去吧！"

第二个老婆说："是你把我抢来的，我也不去！"

第三个老婆说："我无法忍受风餐露宿之苦，我最多送你到城郊！"

第四个老婆说："无论你到了哪里我都会跟着你，因为你是我的爱人。"

商人听了4个老婆的话颇有感叹："关键时刻还是第四个老婆好！"于是，他就带着第四个老婆开始了他的长途跋涉。

其实，这里所说的这4个老婆就是我们自己！

第一个老婆指的是肉体，人死后肉体要与自己分开的；

第二个老婆是指金钱，许多人为了金钱辛劳一辈子，死后却分文不带，无非是水中捞月；

第三个老婆是指自己的妻子，生前相依为命，死后还是要分开；

第四个老婆是指个人的天性，你可以不在乎它，但它会永远在乎你，无论你是贫还是富，它永远不会背叛你。

如果有一个地方，能让我们心安，能让我们抛却浮躁，那不正是我们理想的栖息地吗？我们又何必刻意地去寻找呢？一片生机盎然的花圃，一座巍巍葱茏的大山，一场密密匝匝的雪花，一本泛着墨香的书卷，都可以成为我们自由的栖息地，都可以容纳我们放逐的心灵和漂泊的意志。

要想自由地栖居，耐得住寂寞，必须放得下繁华。如果心恋浮华，不舍喧嚣，是不会得到心灵的安顿的。这就好比一个人，终日汲汲于富贵，切切于名禄，桎梏于外物，他又怎么可能出离尘世而追寻幽独？又好比是一匹马，如果被拴上了车套，它只有一味地卖力奔驰，哪还会有机会停下来思索自己的生命呢？

要有自己自由的栖息地，就不要受拘于外物。因为外物总是短暂而容易腐朽的，只有生命的灵魂才是永恒。我们又怎能让短暂的腐朽来妨害对于永恒的生命的思索呢？

不拘于物是一门哲学，需要有大智慧，需要懂得放下。智慧会让我们生活得快乐充实；放下会让我们生活得轻松无羁。不要顾忌舍弃而拒绝简单的生活，那样的话，你将不堪重负，顾虑重重，心力交瘁，六神无主……

有的人对生命有太多的苛求，弄得自己生活在筋疲力尽之中，从没体味过幸福和欣慰的滋味，生命也因此局促匆忙，忧虑和恐惧时常伴随，一辈子实在是糟糕至极。需知月圆月亏，得失之间皆有定数，岂是人力所能改变的？不如放下，给生命一份从容，给自己一片坦然。你要知道，错过了太阳，不是还有浩瀚的繁星在等待你吗？

得来失去皆有因

昨日渐远，你会发现，曾经以为不可放手的东西，只是生命中的一块跳板而已，跳过了，你的人生就会变得更精彩。人在跳板上，最艰难的不是跳下来的那一刻，而是在跳下来之前，心里的犹豫、挣扎、无助和患得患失，那种感觉只有自己才能体会得到。同样，没有什么东西是不可或缺的，学会为所失去的感恩，幸福的阳光就会洒满你的心扉。

得与失一如小舟的两支桨、马车的两只轮，得失只在一瞬间。失去春天的葱绿，却能够得到丰硕的金秋；失去青春岁月，却能使我们走进成熟的人生……失去，本是一种痛苦，但也是一种幸福，因为失去的同时也在获得。

所以得到与失去、追求与放弃，是现实生活中再平常不过的事情了，我们应该以一种平常、豁达的心态去看待。

正所谓“祸兮福之所倚”！当我们遭受磨难时，请敞开胸怀、放眼未来，不要悲观、不要抱怨，这便是“福”的开端。

在一个王国里，有位大臣特别聪明，而这位大臣也因他的聪明受到国王格外的宠爱与信任。

这位聪明的大臣不论遇上什么事，总是愿意去看事物好的那一面，因此，别人给了他一个雅号“必胜大臣”。

国王热爱打猎，有一次在追捕猎物的过程中，弄断了一节食指。国王剧痛之余，立即召来“必胜大臣”，征询他对这件意外断指的看法。

“必胜大臣”仍本着他的作风，轻松自在地告诉国王，这应是一件好事。

国王闻言大怒，认为“必胜大臣”在嘲讽自己，立时命左右将他拿下，关到监狱里待斩。

“必胜大臣”听后，笑着说：“您不敢杀我，总有一天您还得把我放出来。”国王听了怒色道：“来人，给我拉出去斩了。”但想一想道：“先押入死牢。”就这样“必胜大臣”被关到死牢。

国王的断指痊愈之后，忘了此事，又兴冲冲地忙着四处打猎。却不料带队误闯邻国国境，被丛林中埋伏的一群野人活捉。

依照野人的惯例，必须将活捉的这队人马的首领献祭给他们的神，于是便抓了国王放到祭坛上。正当祭奠仪式开始，主持仪式的巫师突然惊呼起来。

原来巫师发现国王断了一截的食指，而按他们部族的律例，献祭不完整的祭品给天神，是会受天谴的。野人连忙将国王解下祭坛，驱逐他离开，另外抓了一位同行的大臣献祭。

国王狼狈地回到朝中，庆幸大难不死，忽然想到“必胜大臣”曾说过的话，立刻将他由牢中释放，并当面向他道歉。

有一首偈这样说道：“富贵贫穷各有由，夙缘分是莫强求。未曾下得春时种，坐守荒田望有秋。”其实，人世间的事，无论好坏、善恶、得失、有无，都有其因果关系，没有任何一件事可以脱离因果法则的。同样是人，为什么有人贫富，有人贵贱呢？这是因为有的人好吃懒做，悭吝不舍，整日游手好闲，不事生产，自然坐吃山空；有的人辛勤劳作，乐善好施，懂得广结善缘，自然生财有道。

在佛门里称布施为“种福田”，只要有播种，必然会有结果，但是何时才能收成，就有待因缘成熟了。悭贪之人应该知道喜舍结缘乃是发财顺利之因，不播种，怎有收成？而且布施应在不自苦、不自恼的情形下为之，否则就是不净之施，不是真心惠人！

有舍有得，舍与得是生活的两面。得到了这一面，就必然会舍去另一面。正如福祸相依一样。世界上有许多人因为各种原因失去了他们本该拥有的，也得到了别人无法得到的。

海伦·凯勒出生于美国亚拉巴马州的一个小镇，她从小聪明过人，但在19个月大的时候，一场暴病残酷地夺去了她的视、听、说能力。后来她在家庭教师莎莉文小姐的帮助下，靠着日复一日、年复一年的奋力拼搏，不但学会了读书、写作、说话，而且上了大学，并最终克服常人无法想象的困难，成为一名举世瞩目的大作家，著有《我生活的故事》等共14部作品，许多国家授予了她荣誉学位和勋章。她的著作不仅被译成了布莱叶盲文，而且还译成了其他各种语言在全世界出版发行，她的事迹不但鼓舞了全球的残疾人，而且也鼓舞着无数健全的人。通过她那传奇的人生经历，人们对她身上那坚强的品质钦佩不已，这个双目失明的聋哑人，战胜三重残疾而创造了人生辉煌的传奇般经历，激励着一代又一代的人去为美好的明天而努力，去寻找自己在困境中更辉煌的生存方式。

海伦是不幸的。但因为这种不幸，使得她更渴望得到一种承认。所以，可以说苦难给了她不幸，同时也教给了她微笑面对生活让自己创造奇迹的勇气。相对于海伦而言，我们多数人是幸运的，而我们没有做出太大的成就是因为我们大多数人都存在着心理惰性。当然，也不是说因为有了类似海伦的经历就是好的。而是说这个世界其实一直都在遵守着能量守恒定律。生活让你失去了一部分，就必然会在另一部分中给你补偿。

有一个10岁的小男孩在一次车祸中失去了左臂，但是他很想学柔道。最终，小男孩拜一位日本柔道大师为师，开始学习柔道。他学得不错，可是练了3个月，师傅只教了他一招，小男孩有点弄不懂了。

一天，他终于忍不住问师傅："我是不是应该再学些其他招法？"师傅回答说："不，你只需要会这一招就够了。"小男孩并不是很明白，但他很相信师傅，于是就继续照着练了下去。

几个月后，师傅第一次带小男孩去参加比赛。小男孩自己都没有想到居然轻轻松松地赢了前两轮。第三轮稍稍有点艰难，但对手还是很快就变得有些急躁，连连进攻，小男孩敏捷地施展出自己的那一招，又赢了。就这样，小男孩迷迷糊糊地进入了决赛。

决赛的对手比小男孩高大、强壮许多，也似乎更有经验。关键时刻，小男孩显得有点招架不住了。裁判担心小男孩会受伤，就叫了暂停，还打算就此终止比赛，然而师傅不答应，坚持说："继续下去！"

比赛重新开始后，对手放松了戒备，小男孩立刻使出他的那招，制伏了对手，最终获得了冠军。

在回家的路上，小男孩和师傅一起回顾每场比赛的每一个细节，小男孩鼓起勇气道出了心里的疑问："师傅，我怎么能仅凭一招就赢得了冠军？"

师傅答道："有两个原因：第一，你几乎完全掌握了柔道中最难的一招；第二，据我所知，对付这一招唯一的办法是对手抓住你的左臂。"

生活就是这样，有时缺陷可以变成优势。所以，当你拥有缺陷时，不要为此忧伤，因为生活本来就有它的两面性。谁都无法逃离这个规则。

毋庸置疑，在人这一生中，必然要经历无数的失去，当我们失去了曾经拥有的美好时光，我们总是会更加感叹人生路的难走。其实大可不必如此，不管人生的得与失，我们都应致力于让自己的生命充满亮丽与光彩。

不再为失去掉眼泪，笑对明天的生活，努力活出自己的精彩，前途也会是一片光明。

一个商人在翻越一座山时，遭遇了一个拦路抢劫的山匪。商人立即逃跑，但山匪穷追不舍。走投无路时，商人钻进了一个山洞里。山匪也追进了山洞里。

在洞的深处，商人未能逃过山匪的追逐。黑暗中，他被山匪逮住了，遭到了一顿毒打，身上所有钱财，包括一把准备夜间照明用的火把，都被山匪掳去了。

“幸好山匪并没有要我的命!”商人为失去钱财和火把沮丧了一阵之后，突然想开了。之后，两个人各自寻找着山洞的出口。这山洞极深极黑且洞中有洞，纵横交错。两个人置身于洞里，像置身于一个地下迷宫。山匪庆幸自己从商人那里抢来了火把，于是他将火把点燃，借着火把的亮光在洞中行走。火把给他的行走带来了方便，他能看清脚下的石块，能看清周围的石壁，因而他不会碰壁，不会被石块绊倒。但是，他走来走去，就是走不出这个洞。最终，他力竭而死。

商人失去了火把，没有了照明，但是他想：“我还有眼睛呢。”于是，他在黑暗中摸索着，行走得十分艰辛。他不时碰壁，不时被石块绊倒，跌得鼻青脸肿。但是，正因为没有了火把的照明，使他置身于一片黑暗之中，这样他的眼睛就能够敏锐地感受到洞口透进来的微光，他迎着这缕微光摸索爬行，最终逃离了山洞。

后来，商人还暗自庆幸山匪抢走了他的火把，否则他也会像山匪那样困死在洞中：

塞翁失马，焉知非福。很多人因为失去才有了更好的获得，比如断臂而有维纳斯的不朽，失明而有《二泉映月》，瘫痪而有《钢铁是怎样炼成的》……这些故事都告诉我们，生活中其实没有什么东西是不能放手的。

第六辑

终是悠悠行路心
——普天下无不散之筵席

没人敢说爱是永恒的，它是一条流动的河，时时在变。若这条河始终沿着河道流淌，即便偶尔泛起小小波浪，也是我们的福气。若这条河执意要改变行道，那么请放任自流，你拦堵的结果，只会让暗流更加汹涌。

唯情一物，人最为贪

世人都被情感这种力量所牵引，也用情感的方法处理世间的各种问题。所以世人都因为在情感之河中随波逐流，而成为不能解脱的人。

人生有两种特质，一是善；一是恶，在善、恶的特质中，各有很多的成分，而这些成分彼此错综复杂地交合，就形成了种种不同形态的感情表象。所以，感情问题，如果我们只是从感情的表象去了解，就会受困于感情的多样化而掌握不到问题的核心。比方说夫妻之间的关系，有的像兄妹，有的像父女，有的像朋友，有的像情人，甚至有的像仇人；同样地，爸爸对女儿，妈妈对儿子，也都有很多不同的类型。所以，只有当我们理解到人与人之间感情的最后关键点是人性深处的综合表现，是人性的本质，我们才能对感情问题作一个最忠实的评鉴。

一般来说，如果感情是纯净的，多半是从信、惭愧、无贪的立场出发，比方对元首效忠，对爸爸孝顺，这是从信出发，也就是他认为这样做是好的，正确的，接受这个观念，所以就产生了孝心、忠心。可是就男女的感情来说，相处不好的各种因素中，最核心的元素是贪（当然父子、兄弟、朋友、君臣之间也有部分是靠贪来达成的），因为有贪，我们心性无法达到最深刻的纯净，而产生感情，感情的产生，使彼此得到协调、得到沟通。而如果两方面变成排斥，就是因为痴，这是人性最深刻的烦恼。以上，我们已经看到人性中贪的元素是男女感情不好的症结，接着我们再继续从贪的角度来分析男女的感情。

贪的对象有很多，其中色贪第一，眷属贪第二，其他还有财、名、食、睡等，譬如有人贪太太的美貌，有人贪太太的钱财，有人贪太太烧的好菜，有人贪甜言蜜语，这都是贪念。但是男女之间贪念为最深的是情欲，这是维系男女感情最根本的东西。男女的情欲有四个层次，这四个层次本质是一样的，但是程度有差别。第一层次是色，也就是贪念外在的美貌。第二个是情，所谓情使两个人心灵有了沟通点，不管任何沟通点，都会产生情。不但男女之间如此，朋友之间也是这样。所以，有时专家建议夫妻之间要找共同的爱好，其实就是找沟通点，也就是感情的培养。第三个是爱，爱已经是一种执著，就是不管你爱不爱我，反正我爱你！这跟情不一样，它是不需要沟通的。第四个层次是淫欲。淫欲是生理的反应，比较污浊，不管有没有色、情、爱，它只是一种需要解决的生理反应。这四个层次，就是男女之间互相贪念的情执。所以如果没有办法超越这四个层次，就一定会堕入男女情欲的旋涡而为之苦恼。

今天为什么会有那么多人离婚？一定是彼此的贪念已经没有了，或是外面的贪念比对太太的贪念更强烈；而有的夫妻之间根本没有了吸引力，为什么又不离婚？这可能是为了面子，为了小孩。所以感情的问题，不是爱不爱的问题，而是心性清净与否的问题。今天为什么他会爱一个不该爱的人而舍弃他该爱的人？就是因为他烦恼重、太愚痴、善性太弱了。如果这个人心灵纯净，他站在任何角度，都会把他的烦恼降伏，让他的善性激发，对方再怎么无理，面对再大的困难，他都不会使感情破灭。所以如何激发人的善性，降伏人的烦恼，才是彻底解决人与人之间感情问题的关键。今天我们看到任何感情的案例，都必须反省到人性的缺憾，知道必定是有烦恼障蔽他的心性，让他的人性陷入无知的状态而造成错误的决定。

情没了，一切爱、恨、贪、嗔、痴就没有了，一切皆因心起，无心即无挂碍。

情有千般，唯爱最难说的清

缘聚缘散总无强求之理。世间人，分分合合，合合分分谁能预料？该走的还是会走，该留的还是会留。一切随缘吧！

爱情全仗缘分，缘来缘去，不一定需要追究谁对谁错。爱与不爱又有谁可以说得清？当爱着的时候只管尽情地去爱，当爱失去的时候，就潇洒地挥一挥手吧，人生短短几十年而已，自己的命运把握在自己手中，没必要在乎得与失，拥有与放弃，热恋与分离。

失恋之后，如果能把诅咒与怨恨都放下，就会懂得真正的爱。虽然在偶尔的情景下依然不免酸楚、心痛。卢梭 11 岁时，在舅父家遇到了刚好大他 11 岁的德·菲尔松小姐，她虽然不很漂亮，但她身上特有的那种成熟女孩的清纯和靓丽还是将卢梭深深地吸引住了。她似乎对卢梭也很感兴趣。很快，两人便轰轰烈烈地像大人般恋爱起来。但不久卢梭就发现，她对他的好只不过是为了激起另一个她偷偷爱着的男友的醋意——用卢梭的话说“只不过是为了掩盖一些其他的勾当”时，他年少而又过早成熟的心便充满了一种无法比拟的气愤与怨恨。

他发誓永不再见到这个负心的女子。可是，20 年后，已享有极高声誉的卢梭回故里看望父亲，在波光潋滟的湖面上游玩时，他竟不期然地看到了离他们不远的一条船上的菲尔松小姐，她衣着简朴，面容憔悴。卢梭想了想，还是让人悄悄地把船划开了。他写道：“虽然这是一个相当好的复仇机会，但我还是觉得不该和一个 40 多岁的女人算 20 年前的旧账。”

爱过之后才知爱情本无对与错、是与非，快乐与悲伤会携手和你同行，直至你的生命结束！卢梭在遭到自己最爱的人无情愚弄后的悲愤与怨恨可想而知，但是重逢之际，当初那种火山般喷涌的愤怒与报复欲未曾复燃，并选择了悄悄走开，这恰好说明世上千般情，唯有爱最难说得清。

如果把人生比做一棵枝繁叶茂的大树，那么爱情仅仅是树上的一颗果子，爱情受到了挫折、遭受到了一次失败，并不等于人生奋斗全部失败。世界上有很多在爱情生活方面不幸的人，却成了千古不朽的伟人。因此，对失恋者来说，对待爱情要学会放弃，毕竟一段过去不能代表永远，一次爱情不能代表永生。

聚散随缘，去除执著心，一切恩怨都将在随水的流逝中淡去。那些深刻的记忆也终会被时间的脚步踏平，过去的就让它过去好了，未来的才是我们该企盼的。

淡忘那些该淡忘的人

把相恋时的狂喜化成披着丧衣的白蝴蝶，让它在记忆里翩飞远去，永不复返，净化心湖。与绝情无关——唯有淡忘，才能在大悲大喜之后炼成牵动人心的平和；唯有遗忘，才能在绚烂已极之后炼出处变不惊的恬然。

人的记忆对人本身是一种馈赠，同时也是一种惩罚，心胸宽阔的人，用它来馈赠自己，心胸狭隘的人则用它惩罚自己。

五台山很高，有师徒二人在山上修行。徒弟很小就来到山上，从未下过山。

徒弟长大后，师傅带他下山化缘。由于长期离群索居，徒弟见了牛羊鸡犬都不认识。师傅一一告诉徒弟："这叫牛，可以耕田；这叫马，人可以骑；这叫鸡，可以报晓；这叫狗，可以看门。"

徒弟觉得很新鲜。

这时，走来一个少女，徒弟惊问："这又是什么？"

老和尚怕他动凡心，因而正色说道："这叫老虎，人要接近她，就会被吃掉。"

徒弟答应着。

晚上他们回到山顶，师傅问："徒儿，你今天在山下看到了那么多东西，现在可还有在心头想念的？"

徒弟回答："别的什么都不想，只想那吃人的老虎。"

人的本性中有一种叫做记忆的东西，美好的容易记着，不好的则更容易记着。所以大多数人都会觉得自己不是很快乐。那些觉得自己很快乐的人是因为他们恰恰把快乐的记着，而把不快乐的忘记了。这种忘记的能力就是一种宽容，一种心胸的博大。生活中，常常会有许多事让我们心里难受。那些不快的记忆常常让我们觉得如鲠在喉。而且，我们越是想，越会觉得难受，那就不如选择把心放得宽阔一点，选择忘记那些不快的记忆，这是对别人，也是对自己的宽容。

拿掉别人脖子上的十字架，就是等于给自己恢复自由身，尤其是在爱情的故事里。

一位美国朋友带着即将读大学的孩子去欧洲旅行，因为那里留有他青春的痕迹，旧地重游，很是亲切，还有一缕说不出的伤感，因为曾失去的爱，就在这里。

和儿子进入大学城内的餐厅用餐，才刚坐下，父亲即面露惊讶神色。原来，这家餐厅的老板娘，竟是当年他在此求学时追求的对象。

20 多年岁月变更，当年的粉面桃花早已不再。父亲告诉儿子说，她是一家酒吧主人的千金，她的笑容与气质深深地吸引着他。虽然女孩父亲反对他们往来，但两颗热恋的心早已融化所有的障碍，他们决定私奔。

这位美国朋友托友人转交一封信给女孩，约定私奔的日期和去向。很遗憾，他等了一天，却没看到女孩出现，只看见满天嘲弄的星辰，怀抱琴弦，却弹奏失望。他只好带着一张毕业证书回到美国。

儿子听得如痴如醉。突然，他问父亲，当年他在信上如何注明日期。因为美国表示日期的方式是先写月份，后写日期；而欧洲是先写日期，再写月份。

父亲恍然大悟，原来自己约定的日期 10 月 11 日，女孩却是欧洲的读法，判断为 11 月 10 日。一个月的时序误会，因而错失一段美好的姻缘。

20 多年来，他一直想用恨来冲淡想念；20 多年来，那女孩呢？她一定也在恨那个“薄情郎”。这位年近 50 岁的美国朋友，很想走过去，告诉老板娘：我们都错了，只为一个日期的误读，不为爱情。

两个对的人，却在错的时候，爱上一回。

最终，这位父亲没有站出来揭开谜底，只是默默地埋单，然后轻松地回家。因为他在心中彻底地为一个爱情中的无辜女主角昭雪。

相信，每个人都希望自己能如孩提时那般无忧无虑。那么，我们就要像孩子一样善于淡忘——淡忘那些该淡忘的人、事、物。学会了淡忘，你就拥有了一把能够斩断坏心绪的利刃。

爱是流动的河

爱情是变化的，任凭再牢固的爱情，也不会静如止水，爱情不是人生中一个凝固的点，而是一条流动的河。

爱情中，聚聚散散、离离合合是一个很正常的事，一如四季交替，阴晴雨雪。一段爱情，未必就是一个完整的故事，故事发生了也未必就会是一个完美的结局。对于爱情，我们不要将它视为不变的约定，曾经的海誓山盟谁又能保证它不会成为昔日的风景？

晓寒和东阳是华南某名牌大学的高才生。他们俩既是同班同学，又是同乡，所以很自然地成了形影不离的一对恋人。

一天东阳对晓寒说："你像仲夏夜的月亮，照耀着我梦幻般的诗意，使我有如置身天堂。"晓寒也满怀深情地说："你像春天里的阳光，催生了我蛰伏的激情。我仿佛重获新生。"两个坠入爱河的青年人就这样沉浸在爱的海洋中，并约定等晓寒拿到博士学位就结成秦晋之好。

半年后，晓寒负笈远洋到国外深造。多少个异乡的夜晚，她怀着尚未启封的爱情，像守着等待破土的新绿。她虔诚地苦读，并以对爱的期待时时激励着自己的锐志。几年后，晓寒终于以优异的成绩获得博士学位，处于兴奋状态的她并未感到信中的东阳有些许变化，学业期满，她恨不得身长翅膀脚生云，立刻就飞到东阳身边，然而她哪里知道，昔日的男友早已和别人搭上了爱的航班。晓寒找到东阳后质问他，东阳却真诚地说："我对你已无往日的情感了，难道必须延续这无望的情缘吗？如果非要延续的话，你我只能更痛苦。"晓寒只好退到别人的爱情背面，默默地舔舐着自己不见刀痕的伤口。

或许我们会站在道义的立场上，为品德高贵、一诺千金的晓寒表示惋惜，但我们又能就此来指责东阳什么呢？怪只能怪爱本身就具有一定的可变性。

其实，缘分这东西冥冥中自有注定，不要执著于此，进而伤害自己。但无论什么时候，我们都不要绝望，不要放弃自己对真、善、美的爱情追求。

从前有个书生，和未婚妻约定在某年某月某日结婚。然而到了那一天，未婚妻却嫁给了别人。书生大受打击，从此一病不起。家人用尽各种办法都无能为力，眼看即将不久于人世。这时，一位游方僧人路过此地，得知情况以后，遂决定点化一下他。其实，这位僧人就是佛祖，佛祖来到书生床前，从怀中摸出一面镜子叫书生看。

镜中是这样一幅画面：茫茫大海边，一名遇害女子一丝不挂地躺在海滩上。有一人路过，只是看了一眼，摇摇头，便走了……又一人路过，将外衣脱下，盖在女尸身上，也走了……第三人路过，他走上前去，挖了个坑，小心翼翼地将尸体掩埋了……疑惑间，画面切换，书生看到自己的未婚妻——洞房花烛夜，她正被丈夫掀起盖头……书生不明所以。

佛祖解释道："那具海滩上的女尸就是你未婚妻的前世。你是第二个路过的人，曾给过她一件衣服。她今生和你相恋，只为还你一个情。但是她最终要报答一生一世的人，是最后那个把她掩埋的人，那人就是她现在的丈夫。"

书生大悟，瞬间从床上坐起，病愈！

是你的就是你的，不是你的就不要强求，过分地执著伤人且又伤己。

聪明人之所以与众不同，就在于他们勇于放开胸怀接受好的一面，更敢于睁大眼睛不怕痛苦地正视坏的一面，他们深知，好的一面的好处众人皆知，坏的一面里蕴涵的好处，不是每个人都可以知道的。

不要憎恨你曾深爱过的人，或许他（她）还没有准备好与你牵手，或许他（她）还不过是个不成熟的大孩子，或许他（她）有你所不知道的原因。不管是什么，都别太在意，别伤了自己。你应该意识到，如此优秀的你，离开他（她）一样可以生活得很好。你甚至应该感谢他（她），感谢他（她）让你对爱情有了进一步的了解，感谢他（她）让你在爱情面前变得更加成熟，感谢他（她）给了你一次重新选择的机会，他（她）的背叛，或许正预示着你将迎接一个更美丽的未来。

是的，只要真心爱过，背叛对于每个人而言都是痛苦的。不同的是，聪明的人会透过痛苦看本质，从痛苦中挣脱出来，笑对新的生活；愚蠢的人则一直沉溺在痛苦之中，抱着回忆过日子，从此再不见笑容……

缘分冥冥中自有注定

在对的时间遇到对的人，得到的将是一生的幸福；在错误的时间里遇到错误的人，换回的可能就是一段心伤。在感情的故事里，有些人你永远不必等，因为等到最后受伤的只会是自己。

错了的，永远对不了。不该拥有的，得到了也不会带给你快乐。

从前，有一座圆音寺，每天都有许多人上香拜佛，香火很旺。在圆音寺庙前的横梁上有个蜘蛛结了张网，由于每天都受到香火和虔诚的祭拜的熏陶，蜘蛛便有了佛性。经过了1000多年的修炼，蜘蛛佛性增加了不少。

忽然有一天，佛主光临了圆音寺，看见这里香火甚旺，十分高兴。离开寺庙的时候，不经意间抬头看见了横梁上的蜘蛛。佛主停下来，问这只蜘蛛："你我相见总算是有缘，我来问你个问题，看看你修炼这1000多年来，有什么真知灼见。怎么样?"蜘蛛遇见佛主很是高兴，连忙答应了。佛主问道："世间什么才是最珍贵的?"蜘蛛想了想，回答道："世间最珍贵的是'得不到'和'已失去'。"佛主点了点头，离开了。

就这样又过了1000年的光景，蜘蛛依旧在圆音寺的横梁上修炼，它的佛性大增。一日，佛主又来到寺前，对蜘蛛说道："你可还好，1000年前的那个问题，你可有什么更深的认识吗?"蜘蛛说："我觉得世间最珍贵的是'得不到'和'已失去'。"佛主说："你再好好想想，我会再来找你的。"

又过了1000年，有一天，刮起了大风，风将一滴甘露吹到了蜘蛛网上。蜘蛛望着甘露，见它晶莹透亮，很漂亮，顿生喜爱之意。蜘蛛每天看着甘露很开心，它觉得这是3000年来最开心的几天。突然，又刮起了一阵大风，将甘露吹走了。蜘蛛一下子觉得失去了什么，感到很寂寞和难过。这时佛主又来了，问蜘蛛："蜘蛛，这1000年，你可好好想过这个问题：世间什么才是最珍贵的?"蜘蛛想到了甘露，对佛主说："世间最珍贵的是'得不到'和'已失去'。"

佛主说："好，既然你有这样的认识，我让你到人间走一遭吧。"

就这样，蜘蛛投胎到了一个官宦家庭，成了一个富家小姐，父母为她取了个名字叫蛛儿。一晃，蛛儿到了16岁，已经成了个婀娜多姿的少女，长得十分漂亮，楚楚动人。

这一日，新科状元郎甘鹿中第，皇帝决定在后花园为他举行庆功宴席。来了许多妙龄少女，包括蛛儿，还有皇帝的小公主长风公主。状元郎在席间表演诗词歌赋，大献才艺，在场的少女无一不为他倾倒。但蛛儿一点也不紧张和吃醋，因为她知道，这是佛主赐予她的姻缘。过了些日子，说来很巧，蛛儿陪同母亲上香拜佛的时候，正好甘鹿也陪同母亲而来。上完香拜过佛，二位长者在一边说上了话。蛛儿和甘鹿便来到走廊上聊天，蛛儿很开心，终于可以和喜欢的人在一起了，但是甘鹿并没有表现出对她的喜爱。蛛儿对甘鹿说："你难道不曾记得16年前，圆音寺的蜘蛛网上的事情了吗?"甘鹿很诧异，说："蛛儿姑娘，你漂亮，也很讨人喜欢，但你想象力未免丰富了一点吧。"说罢，和母亲离开了。

蛛儿回到家，心想，佛主既然安排了这场姻缘，为何不让他记得那件事？甘鹿为何对我没有一点感觉？

几天后，皇帝下诏，命新科状元甘鹿和长风公主完婚；蛛儿和太子芝草完婚。这一消息对蛛儿如同晴天霹雳，她怎么也想不通，佛主竟然这样对她。几日来，她不吃不喝，穷究急思，灵魂就将出壳，生命危在旦夕。太子芝草知道了，急忙赶来，扑倒在床边，对奄奄一息的蛛儿说道："那日，在后花园众姑娘中，我对你一见钟情，我苦求父皇，他才答应。如果你死了，那么我也就不活了。"说着就拿起了宝剑准备自刎。

就在这时，佛主来了，他对快要出壳的蛛儿灵魂说："蜘蛛，你可曾想过，甘露（甘鹿）是由谁带到你这里来的呢？是风（长风公主）带来的，最后也是风将它带走的。甘鹿是属于长风公主的，他对你不过是生命中的一段插曲。而太子芝草是当年圆音寺门前的一棵小草，他看了你3000年，爱慕了你3000年，但你却从没有低下头看过它。蜘蛛，我再来问你，世间什么才是最珍贵的?"蜘蛛听了这些真相之后，好像一下子大彻大悟了，她对佛主说："世间最珍贵的不是'得不到'和'已失去'，而是现在能把握的幸福。"刚说完，佛主就离开了，蛛儿的灵魂也回位了，睁开眼睛，看到正要自刎的太子芝草，她马上打落宝剑，和太子紧紧地抱在一起……

错位的感情即使得到了也不会幸福。所以，任何人在选择自己的爱人时都应该仔细想想，不要苛求那份本不该属于你的感情。现实是残酷的，一旦让感情错位，你所得到的结果就只会是苦涩。

王燕大学毕业后不久就与男朋友文华同居了，可是令她没有想到的是，文华竟背着她跟在法国留学的前任女友藕断丝连；后来在前女友的帮助下，文华很快就办好了去法国留学的签证，这时一直蒙在鼓里的王燕才知道事情的真相，就在她还未来得及悲伤的时候，文华已经坐上飞机远走高飞了。没有了文华，王燕也就没有了终成眷属的期待，她决心化悲痛为力量，将业余时间都用在学习上，准备报考研究生，她想充实自己，也想在美丽的校园里让自己洁净身心。

可是就在这时她发现，她怀上了文华的孩子，唯一的方法是不为人知地去做人工流产，而她的家乡并不在这里，她实在找不到可以托付的医院或朋友。

她的忧郁不安被她的上司肖科长发现了，一天，下班后办公室里只剩下王燕一个人时，肖科长走了进来，他盯着她看了好半天，突然问起了她的个人生活。这一段时日的忧郁不安使王燕经不起一句关切的问候，她不由得含着眼泪将自己的故事和盘托出。第二天肖科长便带她到一家医院，使她顺利做完了手术，又叫了一辆出租车送她回到宿舍，并为她买了许多营养品。

从那以后，她和肖科长之间仿佛有了一种默契，既已让他分担了生命中最隐秘的故事，她不由自主地将他看做是她最亲密的人了。有一天，她在路上偶然遇到肖科长和他爱人，当时他爱人正在大发脾气，肖科长脸色灰白，一声不吭，他见到王燕后，满脸尴尬。

第二天，肖科长与她谈到他的妻子，说她是一家合资企业的技术工人，文化不高收入却不低，在家中总是颐指气使，而且在同事和朋友面前也不给他留面子，他做男人的自尊已丧失殆尽。说着说着，他突然握住她的手，狂热地说："我真的爱你。"她了解他的无奈和苦恼，也感激他对她的关心和帮助，虽然明知他是有妇之夫，但还是身不由己地陷了进去。

不知是出于爱的心理还是知恩图报，反正她从此成了他的情人，他对她说的最多的一句话就是："我是真的喜欢你，你放心，我很快就会办离婚。"可是从来不见他开始行动，她心里明白，他不可能离开老婆孩子，但只要他真心爱她，她可以等待。

他们经常在办公室里幽会，时间一过就是两年，她无怨无悔地等了他两年。一天晚上，当肖科长正狂热地亲吻她时，办公室的门突然被撞开了，单位里另一个科的陶科长一声不吭地在门口站了一会儿，一言不发就走开了。肖科长顿时脸色惨白，原来，陶科长正在与他争夺晋升副局长一职，可见他处心积虑地窥探他们已有多时。肖科长惊慌失措，仓皇地离她而去。她预料到会有事情发生，果然，他捷足先登，到上级那里交代，他痛心疾首地说自己一时糊涂，没能抵挡住她投怀送抱的诱惑。

她气愤至极，赶到他家里要讨个说法，她毕竟涉世未深，她还是个女孩子，他爱人不明所以，把她让到书房，不一会儿，她看到肖科长扛着一袋大米回来了，一进门就肉麻地叫着他爱人的小名，分明是一位体贴又忠诚的丈夫。然后直奔厨房，系起了围裙，等他爱人好不容易有空告诉他有客人来了时，他甩着两只油手，出现在书房门口，一见是她，大张着嘴半天说不出一句话。

刹那间，她的心泪雨滂沱，为自己那份圣洁的感情又遭践踏，也为自己真心错许眼前这个虚伪软弱的男人，所有的话都没有必要再说，她昂首走出了房门。

自尊心很强的她带着一身的创伤，辞职离开了这个给了她太多伤心的城市，从此开始了漂泊的生活。

在男女的特定关系中，最难用是非对错来衡量，更多的却是心智、策略和手段的较量与契合，有时等待是合理的，有时等待就是一种浪费，比如爱上有夫之妇或者有妇之夫，这样的等待，时间越长，伤害就越大。在婚外恋中，当事人并非不知什么是应该做的，什么是不应该做的，其实他们心中是雪亮的，只是有时是身不由己，有时是故意与自己过不去。

有些人不值得你爱

既然他（她）不懂珍惜你，你又何必去牵挂他（她）？就算分手也要分得有尊严，即便你当初爱得很深，也要干脆一点。让他（她）知道，离开他（她）你一样可以活得很好，让他（她）知道，离开你是他（她）的损失！

爱情是两个原本不同的个体相互了解、相互认知、相互磨合的过程。磨合得好，自然是恩爱一生，磨合得不好，便免不了要劳燕分飞。当一段爱情画上句号，不要因为彼此习惯而离不开，抬头看看，云彩依然那般美丽，生活依旧那般美好。其实，除了爱情，还有很多东西值得我们为之奋斗。

放下心中的纠结你会发现，原本我们以为不可失去的人，其实并不是不可失去。你今天流干了眼泪，明天自会有人来逗你欢笑。你为他（她）伤心欲绝，他（她）却与别人你侬我侬，自得其乐，对于一个已不爱你的人，你为他（她）百般痛苦可否值得？

一个失恋的女孩在公园中哭泣。

一位老者路过，轻声问她："你怎么啦？为什么哭得这样伤心？"

女孩回答："我好难过，为何他要离我而去？"

不料老者却哈哈大笑，并说："你真笨！"

女孩非常生气："你怎么能这样，我失恋了，已经很难过，你不安慰我就算了，还骂我！"

老者回答说："傻瓜，这根本就不用难过啊，真正该难过的应是他！要知道，你只是失去了一个不爱你的人，而她却是失去了一个爱他的人及爱人的能力。"

是的，离开你是他（她）的损失，你只是失去了一个不爱你的人，离开一个不爱你的人，难道你真的就活不下去吗？不，这个世界上没有谁离不开谁，离开他（她）你一样可以活得很精彩。请相信缘分，不久的将来，你一定可以找到一个比他更好，更懂得珍惜你的人。是的，与其怀念过去，不如好好把握将来，要相信缘分，未来你可能会遇到比他（她）更好的，更懂得珍惜你的人！

有些事，有些人，或许只能够作为回忆，永远不能够成为将来！感情的事该放下就放下，你要不停地告诉自己——离开你，是他（她）的损失！

肖艳艳一直困扰在一段剪不断、理还乱的感情里出不来。

吴清的态度总是若即若离，其人也像神龙一样，见首不见尾。肖艳艳想打电话给他，可是又怕接的人会是他的女朋友，会因此给他造成麻烦。肖艳艳不想失去他，可是老是这样，有时自己也会觉得很无奈，她常常问自己："我真的离不开他吗？""是的，我不能忘记他，即使只做地下的情人也好。只要能看到他，只要他还爱我就好。"她回答自己。

但是该来的还是会来。周一的下午，在咖啡屋里，他们又见面了。吴清把咖啡搅来搅去，一副心事重重的样子。肖艳艳一直很安静地坐在对面看着他，她的眼神很纯净。咖啡早已冰凉，可是谁都没有喝一口。

他抬起头，勉强笑了笑，问："你为什么不说话?"

"我在等你说。"肖艳艳淡淡地说。

"我想说对不起，我们还是分开吧。"他艰涩地说。"你知道，我这次的升职对我来说很重要，而她父亲一直暗示我，只要我们近期结婚，经理的位子就是我的。所以……"

"知道了。"肖艳艳心里也为自己的平静感到吃惊。

他看着她的反应，先是迷惑，接着仿佛恍然大悟了，忙试着安慰说："其实，在我心里，你才是我的最爱。"

肖艳艳还是淡淡地笑了一下，转身离开。

一个人走在春日的阳光下，空气中到处是春天的味道，有柳树的清香，小草的芬芳。肖艳艳想："世界如此美好，可是我却失恋了。"这时，那一种刺痛突然在心底弥漫。肖艳艳有种想流泪的感觉，她仰起头，不让泪水夺眶。

走累了，肖艳艳坐在街心花园的长椅上。旁边有一对母女，小女孩眼睛大大的，小脸红扑扑的。她们的对话吸引了肖艳艳。

"妈妈，你说友情重要还是半块橡皮重要。"

"当然是友情重要了。"

"那为什么月月为了想要萌萌的半块橡皮，就答应她以后不再和我做好朋友了呢?"

"哦，是这样啊。难怪你最近不高兴。孩子，你应该这样想，如果她是真心和你做朋友就不会为任何东西放弃友谊，如果她会轻易放弃友谊，那这种友情也就没有什么值得珍惜的了。"母亲轻轻地说。

"孩子，知道什么样的花能引来蜜蜂和蝴蝶吗。"

"知道，是很美丽很香的花。"

"对了，人也一样，你只要加强自身的修养，又博学多才。当你像一朵很美的花时，就会吸引到很多人和你做朋友。所以，放弃你是她的损失，不是你的。"

"是啊，为了升职放弃的爱情也没有什么值得留恋的。如果我是美丽的花，放弃我是他的损失。"肖艳艳的心情突然开朗起来了。

若是一个人为名利前途而放弃你们之间的感情，你是不是应该感到庆幸呢？很显然，这样的人不值得你去爱。

事实告诉我们，对待感情不可过于执著，否则伤害的只能是自己。

第七辑

人善终有扬眉吐气时
——螃蟹霸道能横行几时

俗语言“人善被人欺”，但恶人只能一时得志，终会得到报应，善人终会有扬眉吐气时。遇到恶人、受了欺负，不要就此否定世界，人在做，天在看，恶人自有恶报！恶人是有的，但社会还是好的，你且冷眼旁观，看他还能横行几时！

善恶到头终有报

或许，偶尔我们能看到善人遭到恶报，而恶人却得到了善报，其实这只是表面现象而已。一如我们月初上班工作，月末拿工资一样，善恶都是有结算的，作恶必埋下孽根，行善也必种下善果，只是来得迟与早罢了。

俗话说："善有善报恶有恶报，不是不报，时候未到。"谓行善和作恶到头来都有。做好事终究有好的回报，做坏事终究会有坏的报应。佛家以此宣扬因果报应，规劝世人要做好事，莫做坏事。

有这样一则寓言，说是一只老鹰被捕鸟机困住，恰好有一和尚路过，就救了它。

后来，老鹰看见和尚赶路累了，坐在一堵危墙下面休息，十分危险。老鹰就飞扑过去抓走了和尚的包袱，和尚起来追赶，于是老鹰就又把包袱丢下来。等和尚捡回包袱，回到原处，才发现他曾待过的地方，墙已经倒塌了。和尚因此对那只知恩图报的老鹰非常感激，因为老鹰也救了他的命。

这个故事是一个善有善报的故事，做了好事就有可能得到善报。有的人会说："我做了那么多善事也没有好报。"好报一定会有，只不过要有耐心。今天晚上做了好事，明天早上就要求回报，心情就太急迫了。给老板做事还要一个月才领工资呢，你是做好事，又不是给人打短工。好报肯定有，但不要着急。

干坏事也一样，恶报肯定有，"未熟不受"。好比一个人，犯了谋杀罪，抓住了当场处决，行吗？不行，要经过法庭审判，将他的罪过一条条列出来，让他死得心服口服，也让其他人搞清是为什么，这样才能起到惩戒坏人、鼓励好人的作用。

当然，“未熟不受”，还不是何时处决犯人这么简单，有时还是因为有罪而未显。这个道理，好比一个人，他性情残暴，极端自私，无视他人的生命，经常打架闹事。很多人都看得出来，这个人将来极可能犯下杀人重罪。但他现在毕竟没有杀人，你能把他抓起来枪毙吗？假设你真的想枪毙他，找个什么理由呢？恐怕只能是“莫须有”的罪名。

佛家强调“福报有时，未熟不受”。犯罪证据不足，就不受理。

而对我们普通人来说，不要因为某个罪犯还逍遥法外，就认为法律形同虚设；不要因为某个坏人还在享受富贵，就认为天道无存。这都不过是“未熟不受”而已。

以“未熟不受”的心态看待社会上的不平等现象，以“福报有时”的心态多做好事，必有好结果。

恶人得意能几时

恶人自有恶治。举头三尺有神明，猖狂只是一时的，善良和正直才应该是人生的主旋律。

因果之事非常复杂，不能单凭眼前所见就简单判断，但善恶不同的因，所结之果一定不同。当然，因果之说亦不是独出佛家，中国古代“智慧宝典”——《易经》——中就有所表述：积善之家必有余庆，积不善之家必有余殃。

话说在很久以前，古希腊神话中的宙斯神与赫耳墨斯神变化成了两个流浪者的模样，到人间考察善恶，一天晚上他们来到了一个村子里。宙斯就让赫耳墨斯去叫门，赫耳墨斯跑上前去，敲起了村口一户人家的大门，这一家看起来就是个富户。可门打开后，这户人家一看原来是流浪者在敲门，于是不仅拒绝他们进屋还放出恶狗来咬他们。

两位神见了村里人如此凶恶的态度后，依然希望能教化这里的人。于是他们又敲了许多人家的门，希望能歇歇脚，讨点食物。可门一打开，一看他们流浪要饭的模样，还没等他们张口呢，村里人便“啪”的一声闭上了大门。一路上每一家都如此，最后他们来到一间简陋的小茅屋前。

这间小茅屋是这个村里最后一所他们还没有敲门的房子。这间茅房里住着鲍西丝和她的老伴费莱蒙，老两口虽一贫如洗，却也乐天知命，与世无争。他们以享受的态度经历了生活中的种种挫折磨难，从来没有埋怨过谁，并总是对神灵充满了感激。当两位变化成流浪者模样的神来到他们家时，老两口的态度与其他村里人完全不一样。这对老夫妇满怀喜悦，笑逐颜开。他们将二神视为稀客，并立刻开始为他们准备晚餐。他们点燃火，拿来一颗白菜，又切下一块储存很久的咸肥肉，放在火上烤。

二神见到这户人家的屋里虽陈旧不堪，到处是修补的痕迹，可老两口依然保持着善良的天性，如此殷勤地招待看起来一无所有的流浪者。两位神深深地被他们的善良所感动，说明了自己的真实身份。“我们是天神，”宙斯说，“你们将脱离不幸，但你们的邻人们将因他们的邪恶受到惩罚。跟我们走吧！”当他们快到山顶时，鲍西丝和费莱蒙回头看见整个村庄都已经淹没在一片大水之中了。这对老夫妇因为他们的善良，不仅活着时被神从灾难中挽救出来，他们死后还脱离了人间的苦难，并肩站在宙斯神所住的神殿前。

读到这里或许有人要说，“好人无好报，祸害一千年”的故事也不少吧！诚然，自古以来，恶人当道，好人遭殃的事情也不在少数，惹得很多人开始埋怨天道不公，乃至不得不在恶人的欺凌下苟且偷生。但你要知道，那些恶人最终又有几人逃得过是非公论。那奸相秦桧，以“莫须有”的罪名迫害岳武穆，致使其遇害风波亭，一代英雄家破人亡。然二人死后，一人受万民敬仰，百世流芳；一人被铸成铁像，长跪于对方墓前，受万人唾弃，遗臭万年。这难道不是业报？若换做是你，你愿为哪一人？再说那骄横跋扈的高衙内，虽害得林冲家破人亡，自己的下场又如何？

宋徽宗年间，高俅官居太尉，权势很大。他有个干儿子，人称高衙内，高衙内本是高俅的叔伯弟兄，却甘心过继高俅为干儿子，因此高太尉格外宠爱他。高衙内仗着干爹的势力，在东京横行霸道，干尽伤天害理的事，人们敢怒而不敢言，背地里叫他“花花太岁”。

一日，高衙内带着一帮无赖，闲荡到岳庙边，看到一位漂亮的妇人正在庙里烧香。高衙内便走上前去调戏起来，谁知这位妇人是80万禁军教头林冲的妻子。一会儿，林冲赶到，高衙内惧怕林冲的武功，只有灰溜溜地走了，但从此便对林娘子起了歹心。

高衙内回到府中，想到林娘子的姿色，不由十分懊恼。属下有个叫富安的见状，给他出了个主意，让他勾结林冲的好友陆谦设计劫取林娘子。

这日，陆谦来到林家，邀林冲到自家去喝酒，故意让林娘子听到。林冲与陆谦出门后，陆谦说：“不如我们到樊楼去吃两盅吧。”林冲答应了，两人便上了樊楼，叫了两瓶好酒，对饮起来。席间，陆谦故意找话题拖延时间，林冲心中不快，不由喝了八九杯，因要小解便下楼来，刚从厕所出来，只见夫人的丫头锦儿急匆匆地跑来告诉他，他刚离开家约半个时辰，便有人来告诉夫人，说林冲在陆谦家喝酒，忽然昏倒了，叫夫人快去看视。夫人忙带了锦儿去了，谁知到了陆谦家，却发现中了高衙内的计，夫人被高衙内扣住，锦儿慌慌地跑出来报信。

林冲听了，大吃一惊，三步并做一步跑到陆谦家中。高衙内听说林冲来了，吓得跳窗逃走了。林冲把陆谦家砸得粉碎。

高衙内此次劫取林娘子又没成功，心中不甘心，又联合其干爹，设计陷害林冲，将其发配沧州，又逼死林娘子，继而想杀死林冲，逼得林冲落草梁山。

直至此，看上去还是高衙内得意，林冲受难，但半路杀出个程咬金——鲁智深因救林冲，为高俅所迫，离长安之时，吩咐手下市井之徒擒得高衙内，施了“腐刑”。

这正应了那句老话：“人在做，天在看！”高衙内因色起恶念，结果挨了这一刀，自此不能人道，这岂不是最明显的报应？

这个世界上，每个人都有自己的个性，只是有的人善于控制自己，能够使个性朝着好的方面发展，而有的人自控能力太差，随心所欲、放纵无度。后者的结局多不会太好。生活中，一些人自恃势大，便无所顾忌，飞扬跋扈、欺凌弱小，这种人一旦后台垮掉，往往是不堪一击的。所以，我们无须为一时之屈郁郁不能平，且冷眼旁观，看他螃蟹霸道能横行几时！

君子报仇，十年不晚

事情是复杂多变的，感情常常左右人们的理智，使人们对复杂多变的形势做出错误的分析和判断。因此，一个被感情左右的人一定是一个不成熟的人，所以在做选择时，要理智分析。正所谓：“识时务者为俊杰。”

遭受了恶人的迫害，气愤难平，又不是他的对手，这时你该怎么办？是玉石俱焚，宁为玉碎不为瓦全，与他拼个你死我活，还是忍辱负重，养精蓄锐，待条件成熟之时反戈一击，让恶人得到应有的报应？显然，聪明人都会选择后者。

战国时期，有个避世的高人，人称鬼谷子，他门下弟子众多，孙膑与庞涓便是其中两位。这对师兄弟才华横溢，尤其是那孙膑堪称绝世奇才，他二人平日关系最为要好，结为异性兄弟，相约他日得志，彼此绝不相忘。但孙膑不知，此时的庞涓早已对他燃起妒火，也正因如此，这对兄弟在日后竟成了死对头。

先说那庞涓，因建功心切，在鬼谷子处学业未完，便匆匆下山。当时正值战国中前期，辖今山西、河南、河北地域的魏国实力颇为强大，君主魏惠王正在招贤纳士，庞涓闻讯去投，果然得到重用，被任命为上将军。这庞涓毕竟是鬼谷子的高徒，他治军有方，善于谋断，先后出兵击败宋、卫两国，当时齐国常犯魏国边境，庞涓领兵回击，又将齐国打败，令齐国人自此再不敢轻易犯境。

话说这魏王也是个求才若渴的人，他听闻庞涓的同门孙膑非常有才，就命庞涓速速将孙膑请来。这下庞涓犯了难，他在心里嘀咕：若请不来孙膑，魏王必然要责怪；可若是真请来了，自己的位置还能保住吗？至此，心胸狭隘的庞涓妒火燃烧得更加旺盛了。最后，庞涓索性心一横——不如先将孙膑请来，然后再想法置之于死地，以绝后患。

于是，庞涓派人将孙膑请到魏国。魏王与孙膑一聊，便有意封他为副将，但庞涓虚意表示，孙膑新到魏国，恐人心不服，应先以贵客之礼待他，等他日立了功，自己自会将上将之位让与孙膑，魏王亦觉有理，便答应了。接下来，庞涓把孙膑请到自己家中留住，盛情款待。

有一天，一个自称是同乡的人来找孙膑，给他带来一封家信，说是他失散多年的哥哥写的，希望孙膑能回齐国团聚。孙膑得到兄长的消息很是高兴，就写了一封回信，表示自己初到魏国，寸功未立，等报答魏王以后再去与兄长团聚。孙膑哪里知道，这个人是庞涓派人假扮的，庞涓拿到孙膑的信，模仿笔迹又写了一封，表示急于回到齐国与兄长团聚。庞涓将伪造信拿给魏王，声言孙膑想背叛魏国，魏王看后将信将疑。随后，庞涓又劝说孙膑不妨回齐国去看看，老实的孙膑如何能想得到庞涓会害自己，还以为是关心呢，于是便向魏王请辞。魏王大怒，下令治孙膑的罪。

不久，庞涓来到狱中见孙膑，说他去向魏王求情，把死罪给免了，但按国法要被处以“膑刑”，也就是把膝盖骨割掉。孙膑受刑后成了残废，全仗庞涓悉心照料，他对庞涓感激不已。不久，庞涓求孙膑把他所学的兵法传授给他，孙膑想这正是报答庞涓的好机会，于是，他开始书写默记于心的兵法。

庞涓如此陷害孙膑，有一个仆人实在看不下去，便把一切偷偷告知孙膑，孙膑顿如醍醐灌顶。不久，孙膑心生一计，开始装疯卖傻，庞涓不信，叫人把孙膑弄到猪圈里，孙膑一边口出胡言，一边将猪食猪粪往嘴中塞。孙膑还常爬出庞涓家，或卧在猪圈，或蜷缩在街头。如此这般，终于瞒过庞涓，使他放松了看管。一天，孙膑听说齐国使臣访魏，就偷偷把自己的遭遇告诉齐使，齐使决定把孙膑带回国。第二天深夜，齐使让一个随从换上脏衣服、脸上涂泥、披头散发，装扮成孙膑卧于街边，而将孙膑藏在车里，带出了魏国。

孙膑回国以后，马上受到重用，成为大将军田忌的军师。

后来，庞涓率 8 万大军攻打赵国，赵国打不过庞涓就向齐国求救。齐王命田忌为统帅、孙膑为军师，出兵 8 万救赵。田忌打算直接到赵国与庞涓决战，可孙膑觉得庞涓攻赵，国内肯定空虚，不如直捣魏都。田忌对孙膑一向言听计从，于是率军直取魏都大梁。庞涓虽知齐国出兵救赵，也没太在意。直到魏王见齐军滚滚而来，大惊失色，马上派人叫庞涓回救，这时庞涓才慌了神。当他率疲惫之师往回赶的时候，遭到早已埋伏在半路上的齐军围杀，这就是历史上著名的围魏救赵之战，此战魏军大败，仅庞涓逃脱性命。

几年后，庞涓率10万大军攻打韩国，韩国向齐国求援。齐王命田忌、孙膑领兵救韩。这次，孙膑仍然采用上一次的策略，没有直接去援助韩国，而是去攻打魏国。魏王接受了上次的教训，发现齐军的意图后马上让庞涓领兵返回，同时竟起全国之兵派太子统帅，打算围歼齐军。

魏国军队以剽悍勇猛著称，在数量上又占绝对优势，如果硬碰，齐军不是对手，必须智取。很快，齐军进入魏国境内，第一天，孙膑让造10万个炉灶，第二天就减为5万，第三天又减到3万。魏军素来看不起齐军，认为齐国人胆小不善战，庞涓回撤后见齐军炉灶一天天减少，便认为齐国逃兵一天天增多，轻敌之心骤起，他命令少数精兵随自己日夜兼程追击齐军，主力随后跟进。孙膑计算着庞涓第四天傍晚将到地势险要的马陵，就在这里设下埋伏，并让人刮下路边一棵大树的树皮，写上“庞涓死于此树下”，又命士兵“见火光就放箭”。黄昏时分，庞涓果然领兵到此，山路难行，军队放慢了脚步。庞涓依稀看见路旁一棵大树露出一片白，上面还有字，就让士兵举火把照亮，看到字，庞涓心知中计，可为时已晚。齐军将士见有火光，万箭齐发，庞涓中箭，他自知斗不过孙膑，遂拔剑自刎。

庞涓为自己的忌妒心而失去了做人的道德，丧失了灵魂，当然，他也为此付出了生命的代价。

毋庸置疑，孙膑绝对是个识时务的智者。当年受庞涓迫害，陷于魏国，他没有与庞涓争一时之长短，为自己雪耻。因为他知道，在魏国，庞涓势大，自己的争斗、抵抗非但无济于事，还会惹来杀身之祸。于是，他索性装疯卖傻，自辱于庞涓面前，使其放松戒备，掉以轻心，终得逃命之机。到了齐国后，他才恢复本色大展才华，令蛇蝎心肠的庞涓得到了应有的惩罚。孙膑的高明着实令人叹服。

古语有云：“君子报仇，十年不晚。”当然，这并不是要我们对仇怨斤斤计较，睚眦必报。所谓“君子”，必是道德高尚之人，又怎会抓住一点小小的仇隙，怀恨十年呢？这点事别说是君子，就是一般人也早就淡忘了。古人的意识告诫世人要分清是非曲直，分清利弊关系，时不利我，便藏锋守拙、韬光养晦，以求后报。待时机成熟之时，再以直报怨，给予那些恶人应有的惩罚。

别与小人一般见识

人生路上，我们经常会碰到一些小人，他们自私自利，害人不浅，令我们恨得牙根直痒。但是，一旦与他们交恶，那吃亏的往往是你，因为他们会分分秒秒想着如何算计你，令你防不胜防。所以，我们最好不要与小人计较，权当是为了给自己省些麻烦。

古语有云：“待小人，不难于严，而难于不恶；待君子，不难于恭，而难于有礼。”意思是说：对待心术不正的小人，要做到对他们严厉苛刻并不难，难的是不去憎恶他们；对待品德高尚的君子，要做到对他们恭敬并不难，难的是遵循适当的礼节。杨炎与卢杞在唐德宗时一度同任宰相，卢杞的爷爷是唐玄宗时的宰相卢怀慎，以忠正廉洁而著称，从不以权谋私，清廉方正，是位颇受时人敬重的贤相。他的父亲卢奕也是一位忠烈之士。卢杞在平日里不注意衣着吃用，穿着很朴素，吃的也不讲究，人们都以为他有祖风，没有人知道卢杞是一个善于揣摩上意、很有心机、貌似忠厚、实则除了巧言善辩别无所长的小人。

与卢杞同为宰相的杨炎，是中国历史上著名的理财能手，他提出的“两税法”对缓解当时中央政府的财政危机立下了汗马功劳。后来的史学家评论他说："后来言财利者，皆莫能及之。"可见杨炎确实是个干练之才，受时人的尊重和推崇。此外，杨炎与卢杞在外表上也有很大不同，杨炎是个美髯公，仪表堂堂，卢杞脸上却有大片的蓝色痣斑，相貌奇丑，形象猥琐。

然而，博学多闻，精通时政，具有卓越政治才能的杨炎，虽然有宰相之能，性格却过于刚直。特别是对卢杞这样的小人，他压根儿就没放在眼里。两人同处一朝，共事一主，但杨炎几乎不与卢杞有丝毫往来。按当时制度，宰相们一同在政事堂办公，一同吃饭，杨炎因为不愿与卢杞同桌而食，便经常找个借口在别处单独吃饭，有人趁机对卢杞挑拨说："杨大人看不起你，不愿跟你在一起吃饭。"

因相貌丑陋内心自卑的卢杞自然怀恨在心，便先找杨炎手下亲信官员的过错，并上奏皇帝。杨炎因而愤愤不平，专门找卢杞质问道："我的手下人有什么过错，自有我来处理，如果我不处理，可以一起商量，你为什么瞒着我暗中向皇上打小报告！"弄得卢杞很下不来台。于是，两人的隔阂越来越深，常常是你提出一条什么建议，明明是对的我也要反对；你要推荐那个人，我就推荐另一人，总是较着劲、对着干。

卢杞与杨炎结怨后，千方百计谋图报复。他深知自己不是进士出身，又面貌奇丑，才干更是无法与杨炎相比，但他极尽阿谀奉承之能，逐渐取得了唐德宗的信任。

不久，节度使梁崇义背叛朝廷，发动叛乱，德宗皇帝命淮西节度使李希烈前去讨伐，杨炎不同意重用李希烈，认为此人反复无常，对德宗说："李希烈这个人，杀害了对他十分信任的养父而夺其职位，为人凶狠无情，他没有功劳都傲视朝廷，不守法度，若是在平定梁崇义时立了功，以后就更不可控制了。"

然而，德宗已经下定了决心，对杨炎说："这件事你就不要管了！"谁知，刚直的杨炎并不把德宗的不快放在眼里，还是一再表示反对用李希烈，这使本来就对他有点不满的德宗更加生气。

不巧的是，诏命下达之后，赶上连日阴雨，李希烈进军迟缓，德宗又是个急性子，就找卢杞商量。卢杞看到这是扳倒杨炎的绝好时机，便对德宗皇帝说："李希烈之所以拖延徘徊，正是因为听说杨炎反对他的缘故，陛下何必为了保全杨炎的面子而影响平定叛军的大事呢？不如暂时免去杨炎宰相的职位，让李希烈放心。等到叛军平定以后，再重新起用，也没有什么大关系！"

这番话看上去完全是为朝廷考虑，也没有一句伤害杨炎的话。德宗皇帝果然信以为真，就听信了卢杞的话，免去了杨炎的宰相职务。就这样，只方不圆的杨炎因为不愿与小人同桌就餐而莫名其妙地丢掉了相位。

从此卢杞独掌大权，杨炎可就在他的掌握之中了，他自然不会让杨炎东山再起的，便找碴儿整治杨炎。杨炎在长安曲江池边为祖先建了座祠庙，卢杞便诬奏说："那块地方有帝王之气，早在玄宗时代，宰相萧嵩就曾在那里建立过家庙，因为玄宗皇帝曾到此地巡游，看到此处王气很盛，就让萧嵩把家庙改建在别处了。如今杨炎又在此处建家庙，必定是怀有篡权夺位的谋反野心！近日长安城内到处传言：'因为此处有帝王之气，所以杨炎要据为己有，'这必定是有当帝王的野心。"

杨炎有"谋反篡位"之心，岂能容之！于是，在卢杞的鼓动之下，勃然大怒的德宗皇帝，便以卢杞这番话为借口，将杨炎贬至崖州（今海南省境内）司马，随即下旨于途中将杨炎缢杀。

君子不畏流言不畏攻讦，因为他问心无愧。小人看你揭露了他的真面目，为了自保，为了掩饰，他是会对你展开反击的。也许你不怕他们的反击，也许他们也奈何不了你，但你要知道，小人之所以为小人，是因为他们始终在暗处，用的始终是不法的手段，而且不会轻易罢手。

所以，还是不同小人一般见识为好，内方外圆地和他们保持距离，小人毕竟不是敌人，不必过于刚直，疾恶如仇地和他们划清界限，他们也是需要自尊和面子的。

用骨气挫败欺负你的人

其实我们平常不大注意的是，骨气对一个人是多么重要，它能让一个弱小者霎时变得高大起来……

徐悲鸿大师的座右铭——“人不可有傲气，但不可无傲骨”，真可谓一针见血，发人深省。的确，人一旦有了傲气，往往就会自命不凡、眼高于天，似乎天下唯他独大，这已然为日后的失败埋下了伏笔。然而，傲气虽不可有，但傲骨绝不能无。所谓傲骨，就是一种志气，是一种自信，是一种坚韧不拔、不卑不亢的性格。人生之旅漫长悠远，途中难免会遭遇挫折与坎坷，难免要承受讽刺与白眼。对此，有些人自怨自艾，喟叹命运不公，就此沉沦、一蹶不振；有些人等闲视之，寻找原因迎难而上，最终跃马而归。究其根由，主要是因为前者丧失了自信，傲骨涣散，甘为命运所摆布；而后者自信满满，傲骨依然，将命运牢牢掌控在了自己手中。

中国人向来推崇韬光养晦，就是要把傲气摒除于外，但前提是必须要有傲骨，这是做人的原则。有时候，尽管你力量不济，用骨气——仅仅是骨气，就能挫败蔑视你的、不可一世的对手。

布朗宁的叔叔是一个农庄庄主，拥有不少黑奴。一天下午，布朗宁和叔父在磨坊里磨麦，正当他们忙得不可开交之时，磨房的门被轻轻打开了，一名黑奴的孩子走了进来。布朗宁叔叔回头看了看，语气恶劣地问道："什么事？"

女孩清朗地回答："我妈妈让我向您要五毛钱。"

"不行！你这个黑奴仔子，穷鬼，回去！"

"是。"女孩口中应着，身子却一动未动。

布朗宁的叔叔只顾埋头工作，根本没有察觉到她还在那里，待他再度抬起头看到女孩还静静站在门口时，他火了，大声赶她：

"我叫你回去，你听不懂啊！再不走，我让你好看！"

女孩依旧应了声："是。"但却仍然动也不动地站在那儿。

这可真把布朗宁的叔叔气得火冒三丈，他重重放下手上的一袋麦子，顺手抓起身边的一只秤杆，恼羞成怒地向门口走去。布朗宁看了看叔叔难看的脸色，再回想整个事件过程，料到一定会发生严重的事情。

然而，那个女孩毫无惧色，不等叔叔走去，反先迎上一步，凛然的眼神眨也不眨地仰视着凶恶的主人，一字一句地说道：

"我妈妈说无论如何都要拿到五毛钱！"

布朗宁的叔叔一下愣住了，细细地端详着女孩的脸，缓缓放下秤杆，从口袋里掏出了五毛钱。

小女孩面对凶恶的主人，并没有被他的气势所吓倒，她以"硬"对"硬"，完完全全挫败了主人那不可一世的气焰，彻底制伏了一个有权有势的白人，使得他在万分愤怒的情形下，绵羊般温驯下来。显而易见，小女孩获胜的法宝其实就是她的骨气。

我们在处世过程中，难免会遇到不讲理的人。这种人在不该大声喊叫时，却偏偏叫嚣不停，甚至还吹胡子瞪眼百般威胁。不过，这一类人通常都是纸老虎，只要你拿出骨气据理力争，很轻松就可以击垮他们。此外，还有一些人自视过高，目中无人，不但对你提出无理的要求，甚至还强迫你无条件地接受。遇到这种情况，千万不要示弱，用骨气，就用你的骨气，就可以让他们甘拜下风。

第八辑

完美可梦不可求——残缺未尝不是一种福

谁一味追求完美，谁首先就不完美！不是吗？苛求完美的性格已经存在缺陷！收起你挑剔的目光，你会发现，残缺未尝不是一种福气。

追求完美本身就不完美

生活中有很多完美主义者，他们希望自己所拥有的一切都是完美无缺的，但是世界上哪有十全十美的事情，于是他们只能在不完美里哀叹，成为不快乐的人。

追求完美几乎是现代人的通病，有些人自以为尽善尽美，殊不知自己正是最可怜的人，因为他们是在追求不完美中的完美，而这种完美，根本不存在。

一位女激励大师曾做了一次演讲，她说有个有洁癖的女孩，因为怕有细菌，竟自备酒精消毒桌面，用棉花细细地擦拭，唯恐有遗漏。

这位有洁癖的女孩，难道不知道人体表面就布满细菌，比如她自己的手，可能就比桌面脏吗？

“我真想建议她：干脆把桌子烧了最干净！”

在一家餐厅里，也有对母子因为怕椅子脏，而不敢把手袋放在椅子上，但人却坐在椅子上；要上菜时，因为手袋占太多桌面，而菜没位置放，服务员想将手袋放在椅子上，马上被阻止：“别忙了，我们有洁癖，怕椅子不干净。”

上完菜后，一旁的客人实在忍不住，问：“有洁癖还来餐厅吃饭？自己煮不是比较安心？”

“吃的东西还不要紧，用的东西我们就比较小心了。”

天啊，这是什么回答！吃的东西不是反而更应小心吗？是手袋的细菌会让人致命，还是吃下去的细菌会死人？

要求完美是件好事，但如果过头了，反而比不要求完美更糟。世界上有太多的完美主义者了，他们似乎不把事情做到完美就不善罢甘休似的。而这种人到了最后，大多会变成灰心失望的人。因为人所做的事，本来就不可能有完美的。所以说，完美主义者根本一开始就在做一个不可能实现的美梦。

他们因为自己的梦想老是不能实现而产生挫折感，就这样形成一个恶性循环，最后使这个完美主义者意志消沉，变成一个消极的人。

如果你花了许多心血，结果还是毫无所获的话，不妨把这件事暂时丢下不管。如此一来，你就有时间来重整你的思绪，接下来就知道下一步该怎么走了。“既然开始了就要把事情做好”这种想法固然没错，可是如果过于拘泥，那么不管你做些什么都将不会顺利的。因为太过于追求完美，反而会使事情的进行发生困难。

武田信玄是日本战国时期最懂得作战的人，连织田信长也相当怕他，所以在信玄有生之年当中，他们几乎不曾交过战。而信玄对于胜败的看法实在相当有趣，他的看法是：“作战的胜利，胜之五分是为上，胜之七分是为中，胜之十分是为下。”这和完美主义者的想法是完全相反的。他的家臣问他为什么，他说：“胜之五分可以激励自己再接再厉，胜之七分将会懈怠，而胜之十分就会生出骄气。”连信玄终身的死敌上杉彬也赞同他这个说法。据说上杉彬曾说过这样一句话：“我之所以不及信玄，就在这一点之上。”

实际上，信玄一直贯彻着胜敌六七分的方针。所以他从16岁开始，打了38年的仗，从来就没有打败过一次。而自己所攻下的领地与城池，也从未被夺回去过。将信玄的这个想法奉为圭臬的是德川家康。如果没有信玄这个非完美主义者的话，德川家族300年的历史也不一定存在。要记得，不能忍受不完美的心理，只会给你的人生带来痛苦而已。

有些人很勉强自己，不愿做弱者，只愿逞强，努力做许多别人期待自己却不愿做的事，这种人，才是真正的弱者。别人一对你抱期望，你就怕辜负了人，硬是勉强也要实现承诺，到头来才发现，原来是自己太软弱。

从根本上必须承认的，是自己的心。只有承认软弱，才可能坚强；只有面对人生的不完美，才能创造完美的人生。

荣获奥斯卡最佳纪录片的《跛脚王》，便是叙述脑性麻痹患者丹恩的奋斗故事。丹恩主修艺术，因为无法取得雕刻必修学分，差点不能毕业。在他求学时，有两位教授当着他的面告诉他，他一辈子都当不了艺术家。

即便如此，他仍不怨天尤人，努力地与环境共存，乐观地面对人生。他终于大学毕业，而且还是家族里的第一张大学文凭。

丹恩说，许多人认为残障代表无用，但对他而言，残障代表的是：奋斗的灵魂。

过于追求完美，你就会陷入无尽的烦恼中；而放弃对完美的苛求，你却可以过上一种富有意义的生活，怎样做对你更好呢？聪明的你一定会做出正确的抉择。

缺憾也是人生的一部分

缺憾也是我们人生的一部分，为了一点点缺憾而否定自己，实在是一件很傻的事。只有不为缺憾耿耿于怀，我们才能好好享受生活。

世界上没有十全十美的人，这一点很多人都懂，但他们却还是整天为自己的缺憾烦恼，其实如果把人看成一张大白纸的话，那么你的缺憾就是纸上的一个小黑点，为什么你只盯着黑点，却没有注意到黑点外的白纸呢？

很久以前的南亚某国，有一位先生娶了一个婀娜多姿、娇美柔媚的太太。两人情如金石，恩恩爱爱，是人人称羡的神仙美眷。这位太太身材高挑、眉眼俊秀，又十分的温柔贤淑，美中不足的是长了个酒糟鼻子，好像失职的艺术家，对于一件原本足以称傲于世间的艺术精品，少雕刻了几刀，显得非常的突兀怪异。

这位先生总为太太的鼻子觉得遗憾，便一心想着弥补这个缺憾。他是一个商人，整日在外奔波，一日他行经贩卖奴隶的市场，只听宽阔的广场上空叫卖声此起彼伏，四周人群摩肩接踵。他们竞相吆喝出价，疯抢奴隶。这位先生走到广场一侧，发现了一个身材单薄、瘦小清癯的女子，正以一双水汪汪的泪眼，怯生生地环顾着这群如狼似虎，决定她一生命运的大男人。这位丈夫仔细端详着女孩子的容貌，突然间，他的双眼一亮，太好了，这女子脸上长着一个端端正正的鼻子！不计一切买下她！

这位丈夫以高价买下了长着端正鼻子的女孩子，兴高采烈地带着女孩子日夜兼程赶回家里，想给心爱的妻子一个惊喜。到了家中，把女孩子安顿好之后，他用刀子割下了女孩子漂亮的鼻子，然后，拿着血淋淋而温热的鼻子，大声疾呼：

“太太，快出来哟，看我给你买回来了最宝贵的礼物！”

“什么样贵重的礼物，让你如此大呼小叫的？”太太狐疑不解地应声走出来。“喏，你看！我为你买了个端正美丽的鼻子，你戴上看看。”

说话间，丈夫抽出怀中锋利的匕首，“噌”地一下将太太的酒糟鼻子砍了下来。霎时太太的鼻梁血流如注，酒糟鼻子掉落在地上，丈夫赶忙用双手把端正的鼻子嵌贴在伤口处，但是无论丈夫如何地努力，那个漂亮的鼻子始终无法粘上妻子的鼻梁。

可怜的妻子，既得不到丈夫苦心买回来的端正而美丽的鼻子，又失掉了自己那虽然丑陋，但是却货真价实的酒糟鼻子，并且还受到无辜的刀刃创痛。而那位糊涂丈夫的愚昧无知，令人可恨又可悲。

有些事，可以通过努力改变，有些事，无论如何努力都难以改变。对于我们不能改变的，不管喜欢与否，我们只能接受它们，不要抗拒。世界就是这样，事情就是这样，他人就是这样，我们应当把这些当成事实来接受。对此，我们可以心怀疑虑或好奇，可以保有提问的权利，但不要试图去改变什么。

人生确实有许多不完美之处，每个人都会有这样或那样的缺憾。其实，没有缺憾我们无法去衡量完美。仔细想想，缺憾其实不也是一种完美吗?

当我们缺少一些东西时，往往会有更完整的感觉。一个拥有一切的人，在某种意义上讲是一个穷人，他永远不知道求助、希望和梦想的感觉，永远没有自己最想要的东西被爱他的人给予的经历。

生活不是上帝为了原谅我们而故意设下的陷阱，生活也不像拼写游戏，不管你对了多少，错了一个就不合格。生活更像棒球赛，即使最好的球队也会输掉1/3的比赛，最差的队也有它辉煌的一天。我们的目的就是赢多负少。

美好源于缺陷

人生路上有很多东西值得我们去欣赏，有时“残缺”未尝不是一件好事。倘若一味苛求“完美”，不懂舍弃，人生是不是就少了很多靓丽的风景呢?

一个人对自己和他人要求过高，力求完美，在这里就称这种性格为完美主义。完美主义的性格首先表现为固执，刻板，不灵活，给自己或他人设定一个很高的标准，非要达到不可，受到挫折就感到很痛苦，不能接受。

一个著名汽车制造公司的总经理就是这样的人，虽然他们公司的销售还不错，但离他的高标准有些差距，他不能忍受，跳楼自杀了。有位软件设计工程师在编程序时要求自己像写古诗一样把字节写的都一样长，即使他整日整夜地苦思冥想，但在工作效率上却无法见到效果。

很多家长望子成龙的心情致使他们督促孩子利用所有时间学习，不要贪玩，结果孩子们很反感，产生逆反心理，厌学逃学，总也玩不够。所以，完美主义的人应该把目标和方法订得灵活一些，要有一种“退一步海阔天空”的心理准备，这条路不行可以走那条，不要在一棵树上吊死，钻牛角尖。

完美主义的人往往不愿意接受自己或他人的弱点和不足，非常挑剔。有的人没有什么好朋友，总也找不着对象，和谁也合不来，经常换单位，那是因为他谁也看不上，甚至会因为别人的一些小毛病，而忽略了别人的主要的优点；有的人不允许自己在公共场合讲话时紧张，更不能容忍自己紧张时不自然的表情，一到发言时就拼命克制自己的紧张，结果越发紧张，形成恶性循环；有的人不允许自己身体有丝毫不舒服，经常怀疑自己得了重病，经常去医院检查。其实，每个人都有缺点和不足，都会有紧张、不适的体验，这是正常的表现，必须学会接受它们，顺其自然。如果非要和自然规律抗拒，必然会愈抗愈烈。

完美主义的人表面上很自负，内心深处却很自卑。他看不到优点，只盯着缺点，总是不知足，很少肯定自己，自己就很少有机会获得信心，当然会自卑了。不知足就不快乐，痛苦就常常跟随着他，周围的人也一样不快乐。学会欣赏别人和欣赏自己是很重要的，是使人更进一步实现下一个目标的基石。

完美主义的人容易只顾细节而忘记了主要目标，通常让别人觉得他捡了芝麻丢了西瓜。工作常常因此而没有效率。许多时候你要让自己"豁出去"。

完美主义性格的形成和早期教育有很大关系，但成年后还是可以有意识地进行调整。只有充分认识到生活中没有十全十美，才能看到生活中美好的东西。

有个圆被人切去了一块，而变得残缺不全。它很苦恼，它想恢复自己的完整，于是便日复一日地寻找自己遗失的碎片。因为残缺，圆无法像以前一样快速滚动，但如此一来，它却沿途欣赏了很多风景——山花是那样烂漫，流水是那样清澈……

圆一路找到很多碎片，但都不是自己的，装在身上显然不合适，所以它只能继续寻找。终于有一天，圆找到了属于自己的碎片，它很兴奋，因为自己又可以像以前一样飞速滚动了。然而滚着滚着，圆发现，路途中似乎缺少了什么。于是圆停下来努力回忆，终于，它恍然大悟——由于自己的完整、自己的高速，已然无暇再欣赏路边的风景了。思索片刻，圆毅然将好不容易找到的碎片丢在路旁，继续慢慢地向前滚动……

似乎，这世界上的每一个人都在潜意识中竭力追求着完美，但遗憾的是，我们迎来的却是一个又一个的不完美，一个又一个的遗憾。将完美当做理想的寄托点，这自然无可非议，但若过分执著于完美，就一定会让自己彻底迷失，因为理想中的完美绝对是虚无缥缈的，任何一种真实的事物都有它不可避免的缺陷。

昙花纵然美丽，但也只能刹那绽放；牡丹虽然雍容华贵，但未免有几分华而不实；维纳斯之美令世人赞叹，但却少了一双臂膀。这尘世之物，完美与缺陷一直同生共存，相互衬托。

或许有人认为，世界的不完美，多少令人感到有些遗憾，但事实上，世界正是因缺陷而美丽的！盘古未生之时，天地间混沌一片，看似浑然一体，实则毫无生趣，正是盘古那开天辟地的一斧，辟出了缺陷，辟出了世人赖以生存的大千世界，谁又能说这一斧劈得不好呢？同样，昙花之美，就美在它的短暂，一如流星，稍纵即逝，留给人的便是无限的回味与美丽的记忆，这缺陷美得令人喟叹！

残缺未尝不是一种福

在人世间，人是注定要与缺陷相伴，而与完美相去甚远的。所以不完美是人生的常态，承认自己的不完美是一种豁达、成熟，更是一种智慧！

人无完人，每个人都会有一些缺陷：外貌上的，性格上的，经历上的……当一个人懂得承认自己的不完美时，他也就真正地成熟起来了。

薛女士已经35岁了，两年前丈夫不幸病故，家里人都执意让她再找一个意中人，热心的朋友也劝她早日结束独身生活。薛女士虽然也看过几个对象，但都没有成功。原因是薛女士和别人见面后，总是先把自己的缺陷和盘托出，暴露无遗，令一些人“望而却步”。她的朋友数落她时，她却振振有词：“年轻时搞对象都没有装模作样过，老了更不用掩饰，我就是这么样一个有瑕疵的女人，先让对方看清楚点不好吗？”后来薛女士还真找到了一位心心相印的意中人，据说对方就是看中了薛女士毫不掩饰、勇于承认缺陷的优点，认为这人难得的实在。由于薛女士事前把自己的缺陷毫无保留地告知对方，对方“扬长避短”，两人配合默契，生活得很美满。朋友们都说，实在人有实在命，薛女士这是用袒露缺陷换来的幸福。

人有缺陷并不可怕，可怕的是刻意掩饰，自欺欺人。薛女士不是这样，在对方面前大胆袒露自己的缺陷，出自于内心的真诚和对别人的信任。她那透明的真诚理所当然也换来了对方的信赖与爱慕。把自己的缺陷袒露人前，也就同时把自己的真诚毫无保留地献给了对方。在日常生活中往往有这样的情况，越是刻意掩饰自己的缺陷，自己活得越累，有时甚至还显得很尴尬。这是因为缺陷是客观存在的，掩饰往往会弄巧成拙。薛女士真诚袒露缺陷的结果，使对方理解她的缺陷，容纳她的缺陷，还有意识地弥补她的缺陷，这正是他们后来生活幸福和谐的基础。

缺陷或大或小，或多或少，人人都有。然而，面对缺陷，大多数人是去掩饰。掩饰缺陷也许是人的天性，毕竟能在大庭广众之下袒露自己缺陷的人，实属不多。因此，袒露缺陷确实需要勇气，要战胜自己的懦弱，战胜自己的虚荣，还要战胜世俗的偏见。所有这些，没有超人的勇气是万万做不到的。

中国台湾著名画家刘墉在教国画的时候，经常发现有些学生极力掩饰自己作品上的缺点，有时画得差，干脆就不拿出来了。遇到这种情况，刘墉会对他们说："初学画总免不了缺点，否则你们也就不必学了！这就好比去找医生看病，是因为身体有不适的地方，看医生时每个病人总是尽量把自己的症状说出来，以便医生诊断。学画交作业给老师，则是希望老师发现错误，加以指正，你们又何必掩饰自己的缺点呢?"

还有一个男人，单身了半辈子，突然在 43 岁那年结了婚。新娘跟他的年纪差不多，但是她以前是个歌星，曾经结过两次婚，都离了，现在也不红了。在朋友看来，觉得他挺亏的，这不是一个好的选择，因为新娘身上的瑕疵太多了。

有一天，他跟朋友出去，一边开车、一边笑道："我这个人，年轻的时候就盼望着能开宝马车，可是没钱，买不起。现在呀，买不起，买辆三手车。"

他的确开的是辆老宝马车，朋友左右看看说："三手？看来很好哇！马力也足！"

"是呀！"他大笑了起来，"旧车有什么不好？就好像我太太，前面嫁个广州人，后又嫁个上海人，还在演艺圈20年，大大小小的场面见多了。现在老了、收了心，没有以前的娇气、浮华气了，却做的一手好菜，又懂得料理家务。说老实话，现在真是她最完美的时候，反而被我遇上了，我真是幸运呀！"

"你说得挺有道理的！"朋友陷入沉思。

他拍着方向盘，继续说："其实想想我自己，我又完美吗？我还不是千疮百孔，有过许多荒唐事，正因为我们都走过了这些，所以两人都变得成熟、都懂得忍让、都彼此珍惜，这种不完美，正是一种完美啊！"

正因为这位男士能够承认自己的不完美，他才不苛求爱人的完美，结果两个有瑕疵的人才能凑到一起，组成一个幸福的家庭。从某种意义上看，人就是生活在对与错、善与恶，完美与缺陷的现实中，我们既然能从自己非常优秀与完美的现实中受益，为什么就不能从自己的缺陷中受益呢？

我们应该明白有缺陷并不是一件坏事，那些自认为自身条件已经足够好以至于无可挑剔、不必改变现状的人往往缺乏进取心，缺少超越自我追求成功的意志。相反，承认自己的缺陷，正确认识自己的长处与短处，却可以使我们处在一种清醒的状态，遇事也容易做出最理智的判断。

爱情不像梦中的那样

寻找完美的爱情时，你会在无意间丢掉你本该得到的幸福。还是注意一下身边的平淡，抓住现在就能得到的幸福吧。

很久以前，一位方丈想从两个徒弟中选一个做衣钵传人。

一天，方丈对徒弟说："你们出去给我拣一片最完美的树叶。"两个徒弟遵命而去。

时间不久，大徒弟回来了，递给方丈一片并不漂亮的树叶，对师傅说："这片树叶虽然并不完美，但它是我看到的最完整的树叶。"

二徒弟在外转了半天，最终空手而归，他对师傅说："我见到了很多很多的树叶，但怎么也挑不出一片最完美的……"

最后，方丈把衣钵传给了大徒弟。

现实生活中女人寻找的是"白马王子"，男人寻找的则是才貌双全的"人间尤物"，他们寄予爱情与婚姻太多的浪漫，这种过于理想化的憧憬，使许多人成了爱情与浪漫的俘虏。

其实，十全十美的人在现实生活中根本不存在，有些人，特别是女性，往往容易一味沉醉于罗曼史所带给她们的短暂刺激之中。其实爱情可以让人创造奇迹，也可以令人陷入盲目，要知道美满的爱情不是那些日思夜想的白日梦，而且即使再美丽的梦想也不过是一个梦而已。脱离实际的幻想，超乎现实的理想化，往往使爱情失去真正的色彩。

燕子、明明、小雪是好得不能再好的闺中密友，三人中燕子长得最美，小雪最有才华，只有明明各方面都平平。三个人虽说平时好得恨不能一个鼻孔出气，但是在择偶标准上，三个人却产生了极大的分歧。燕子觉得人生就应该追求美满，爱情就应该讲究浪漫，如果找不到一个能让自己觉得非常完美的爱人，那么情愿独身下去。而小雪则觉得婚姻是一辈子的大事，必须找一个能与自己志趣相投的男人才行，只有明明没有什么标准，她是个淳朴又实际的人——对婚姻不抱不切实际的幻想，对男人不抱过高的要求，对人生不抱过于完美的奢望，她觉得两个人只要“对眼”，别的都不重要。

后来，明明遇到了陈军，陈军的长相、才情都很一般，属于那种扎在人堆里就会被淹没的男人，但他们俩都是第一眼就看上了对方，而且彼此都是初恋的对象，于是两个人一路恋爱下去。对此燕子和小雪都予以强烈的反对，她们觉得像明明这样各方面都难以“出彩”的人，婚姻是她让自己人生辉煌的唯一机会，她不应该草率地对待这个机会。但是明明觉得没有人能够知道，漫长的岁月里，自己将会遇见谁，亦不知道谁终将是自己的最爱，只要感觉自己是在爱了，那么就不要放弃。于是明明25岁时与陈军结了婚，26岁时做了妈妈。虽说她每天都过得很舒服、很幸福，但她还是成为了女友们同情的对象，燕子摇头叹息：“花样年华白掷了，可惜呀！”小雪撇着嘴说：“为什么不找个更好的？”

当年的少女被时光消耗成了三个半老徐娘，燕子众里寻他千百度，无奈那人始终不在灯火阑珊处，只好让闭月羞花之貌空憔悴；而小雪虽然如愿以偿，嫁给了与自己志趣一致的男士，但无奈两个人虽然同在一个屋檐下，却如同两只刺猬般不停地用自己身上的刺去扎对方，遍体鳞伤后，不得不离婚，一旦离婚后，除了食物之外她找不到别的安慰，生生将自己昔日的窈窕，变成了今日的肥硕，昔日才女变成了今日的怨女；只有明明事业顺利，家庭和睦，到现在竟美丽晚成，时不时地引来路人欣赏的目光。

燕子认为完美的爱人、浪漫的爱情，能使婚姻充满激情、幸福、甜蜜，其实不然，完美的爱人根本就是水中月镜中花，你找一辈子都找不到，况且即使你找到了自己认为是最美满、最浪漫的爱情之后，一遇到现实的婚姻生活，浪漫的爱情立刻就会溃不成军，因为你喜欢的那个浪漫的人，进了围城之后就再也无法继续浪漫了，这样你会失望，失望到你以为他在欺骗你；而如果那个浪漫的人在围城里继续浪漫下去，那你就得把生活里所有不浪漫的事都担待下来，那样，你会愤怒，你以为是他把你的生活全盘颠覆了。

小雪自视清高，把精神共鸣和情趣一致作为唯一的择偶条件，她期望组织一个精神生活充实、有较强支撑感的家庭，她希望夫妻之间不仅有共同的理想追求和生活情趣，而且有共同的思想和语言。可是事实证明她错了，她的错误并不在于对对方的学识和情趣提出较高的要求，而在于这种要求有时比较褊狭和单一。实际上，伴侣之间的情趣，并不一定限于相同层次或领域的交流，它的覆盖面是很广泛的，知识、感情、风度、性格、谈吐等都可以产生情趣，其中，情感和理解是两个重要部分。情感是理解的基础，而只有加深理解才能深化彼此间的情感，双方只要具备高度的悟性，生活情趣便会自然而生。

明明的爱也许有些傻气，但恰恰是这种随遇而安的爱使她得到了他人难以企及的幸福。爱情中感觉的确很重要，感觉找对了，就不要考虑太多，不然，会错过好姻缘的。将来的一切其实都是不确定的，不确定的才是富有挑战的，等到确定了，人生可能也就缺少了不确定的精彩了。明明很庆幸自己及时把握了自己的感觉，青春的爱情无法承受一丝一毫的算计和心术，上天让明明和陈军相遇得很早，但幸福却并没有给他们太少。

那些像明明一样顺利地建立起家庭的青年，都有一个共同的心理特征：他们敢于决断，不过分挑剔。爱情中的理想化色彩是十分宝贵的，但是理想近乎苛求，标准变成了模式，便容易脱离生活实际，显得虚无缥缈。不要死守着一份完美的期待，你自己都不完美，如何去要求其他？过于苛求，只能导致一无所有。

最完美的便是你已拥有的

“幸福其实就是个人内心的一种感受，无所谓是非对错。只要你觉得自己是幸福的，那你就是幸福的。”爱情并不存在完美，而所谓的最完美，恰恰是你所拥有的。

据说，自你一降生，就有一份天定的缘为你而生。然而大千世界，人海茫茫，生命苦短，如何找到你的那个完美的伴侣呢？现代的人们，总不能固守这份缘，不能以易逝的青春和焦灼的心情屏息静候吧？于是，他（她）们常常很勉强地接受了随风而至的他（她），却又一遍遍地把他（她）和自己心目中那个完美的设想进行对比，对比一次，失望一次。他们并不懂得，如何去珍惜身边的已经拥有的；他们也不知道，自己已经得到的其实就是最大的幸福、最真的爱情！

如果有这样一个人，他在你的心目中是绝对完美的，没有一丝缺陷，你敬畏他却又渴望亲近他，那么，这种感觉不可以称为“爱情”，而是“崇拜”。崇拜需要创造一个偶像，就像图腾之类没有血肉的东西；而爱情不需要，爱情是真真切切地能够用手触摸、用心体会的。爱情是你明知他穿得十分“土气”，却甘愿带他出入于大庭广众；是你鄙视杀猪匠，却偏偏做了杀猪匠的妻子；是你素有洁癖，却十分勤快地为他洗着油腻腻的饭盒、脏兮兮的球鞋……

一位秀外慧中的女孩大学毕业后，拒绝了很多优秀男孩的追求，最后却选择了一个毫不起眼且个子矮小的同事。周围的许多人都觉得不可思议，就连她的闺中女友也表示不理解。而她自己却很坦然，在众人疑惑的目光中，她披上婚纱与先生旖旎地走进了“围城”。多年以后，当她的同学们都疲倦于营造自己的一隅、失望于当初幻想的破灭之时，众人在同学聚会上发现：这位女孩并没有如他们原先所想的那样，被困在一个庸碌无为的圈子里，憔悴不堪；而是依然光彩照人，甚至比以前还多了一份成熟的雍容和深沉。这位女士告诉大家，她的男人不是最优秀的，有着许多的缺点，但这些在她还没有接受他的时候就已知道，她愿意今生今世将自己的感情托付给这个在她遇到挫折的时候默默地帮助她、在她失意的时候热情地鼓励她，并且从不索取任何回报的男人。

由此可想，如果同时有一份执著而持久的感情和一份金玉其外却瞬间即逝的“感情”在你面前，你宁愿选择哪一种？世界上有许多出色的男孩和美丽的女孩，然而真正属于你的感情只能有一份，千万不要因为别人的眼光而改变了自己的挚爱，莫要活在别人的眼光里而失去了自己！感情不能贪心，也不能梦想。“如果有谁认为有十全十美的爱情，他不是诗人，就是白痴。”这话使我深信不疑。所以，我们用心来守候着属于自己的、并不惊天动地的爱情，等待之后便是一生一世的厮守！

其实真正的爱情只有蜕变成亲情才能永存，浪漫也只能是一时的风花雪月，再美丽的爱情到最后也要踏踏实实过日子。想想人生几十年，转瞬即逝，年华逝去，如梦无痕。一直渴望能和自己心爱的人，在余晖下相依携手看天边的浮云，看飘零的枫叶，对自己来说，这就是幸福。

第九辑

做事但求心无愧——你不能让所有人满意

做到问心无愧代价不菲，只要做得对就是最大的安慰。不管是谁只活一回，对得起自己，也就不必说后悔。问天问地问心无愧，只要做得对不管有没有人陪。不管是谁只活一回，对得起自己，永远别问痛不痛、累不累。

你就是你

忠于自己，也就是积极地评价自己。不管在别人眼里有多少毛病，都始终自我感觉良好，始终认为自己是对的。这让人有时显得很自负，甚至有时候有点霸道，但这也让你看问题做事情高度自信。

其实有时我们过分压抑自己，会使我们迈向另一条岔路。一个人的错误永远犯不完，人生的负担你想多重就有多重，应该努力在个性张扬中活出属于自己的精彩。

生活中，许多人喜欢追求完美，但真正的完美没有几个人能追求到，于是就有了遗憾、有了痛苦、有了失落感。其实这大可不必，因为生活本来就没有绝对的完美，只有正确地评价自己，看到自己的优点和长处，你才能够拥有不断进取的勇气和力量。

成功者总是这样认为："我喜欢我自己，我就是我。没有比这更美好的了，包括我的出生、我的生长，我为我就是我而庆幸。无论我生在什么时代，我都不愿成为别的什么人，而只愿成为自己。"正是这种凡事向前看的思考方法，才会使人积极地进行自我评价。当然，这种善于自我肯定的思考方法，并不一定是天生的。它也是在日常生活中通过不懈的修炼得来的。

在一次演讲比赛上，有位女同学向老师抱怨自己的演讲没有达到自己预期的效果。她说当她站起来演讲时，立刻意识到自己笨拙、胆怯的表现，而班上的其他学员似乎都显得泰然自若，很有信心。她一旦想到自己的种种缺点，便失去了勇气，无法再讲下去了。她还详细地分析了自己的弱点，以求解决的办法。

等她讲完后，老师告诉她，别总想着自己的弱点，并不是缺点使自己讲得不够好，而是自己没有把长处发挥出来。

的确，并不是缺点使人们的演讲、艺术作品或个性显得失败。狄更斯的小说里有不少过度矫情的地方；莎士比亚的戏剧里也有许多历史和地理上的错误。但人们读他们的作品时，没人会注意这些缺点，这些作品之所以会闪耀着不朽的光辉，是因为它们的优点十分显著，以致连缺点都变得不重要了。人们爱自己的朋友，是因为他们的种种优点，而不是缺点。把注意力放在自身的优良品质上，培养优点，克服弱点，认识到你的一生都是在前进，在开发自我。有了这种认识，然后加以坚持不懈的努力，这样才能不断进步，并自我实现。

遗憾的是，生活中总有些消极的情绪影响我们做出正确的自我评价。精神病理学家巴纳德·赫兰博士曾对那些少年犯做过如下评述："初见他们时常给人以独立心极强的印象，富有反抗，对父母、教师、警察等象征某种权力的人怀有嫌恶感，并对一切都表示不满和不服。然而在他们过度防御的坚实盔甲下面隐藏的却是一颗极其柔弱易碎的心灵。实际上他们在任何时候都希望依赖某个人。"

当我们犯下一些错误或是失去生活中的某种机会时，总是习惯于向别人抱怨。要知道，这种向别人诉说你不喜欢自己的地方，只能是加强你继续对自己不满，因为别人对此几乎总是无能为力的，至多只能加以否认，可你又不会相信他们的话。向别人抱怨是无济于事的，只有自己给予自己一个积极而且比较客观的评价，才有利于你的进步。

有了对自己的正确评价，你就会懂得真正的自我不在于形式的表现，而是一种内心的强大力量。诺贝尔和平奖获得者鲍尔奇曾经受托为一个晚宴确定宾客座次，要使所有有身份的人都感到满意，这件事确实会令人为难，即使对一个专业的礼仪公司来讲也不大好办。而鲍尔奇运用自己独特的办法去做这件事。在宴会前，他告诉大家，请宾客自便，喜欢坐在哪儿就坐在哪儿，他说："真正重要的人都是不在乎别人怎么看待自己的，而在乎的人都是不重要的。"

我们应该承认这样一个事实："人是具有个性的存在。"此外我们还可以这样理解："世界上的任何人，都应该享有发挥自己才能的平等权利。"

在莎士比亚的《哈姆雷特》中，宰相波洛涅斯这样说："最最重要的是忠于你自己。你只要遵守这一条，剩下的就是等待黑夜与白昼的交替，万物自然地流逝；倘若果真有必要忠于他人，也不过是不得不那样去做。"

人皆可为尧舜

每个人都有自己的天性、适合自己的生活方式，每个人都有自己存在的价值，不要妄自菲薄，不要理会别人的质疑，因为世界上只有一个你。

你是不是有时候也会质疑自己？也觉得无法埋首于任何事？许多人都有"觉得现在的自己不像真正的自己""不知道自己现在到底最想做什么"的情形。于此状态下，不管做什么都得不到充实感，只感觉疲倦而已。这种人，连做什么好想做什么都不知道，只心灰意懒，在无力感中过日子。由于有一种无法脚踏实地的不安感，于是便无法埋首于任何事物。

生命对于每一个人来说都只有一次，珍惜生命首先是要尊重自己的生活方式，只有这样，人生的负重和疲惫才会在自己充满乐趣的生活方式中得到减轻和复原。为自己而生活，表面上看起来有点自私，然而，又有谁能否认只有在为自己而愉快健康地生活的基础上，才能更好更持久地为社会、为别人作奉献呢？

人来到这个世界，就是来走上帝所赠与我们的路。这是一种幸运。不是吗？不管是遍地荆棘，还是到处是花，我们都同样地来到这个世界。同呼吸，同看日出日落。大人物有大人物的追求，小人物有小人物的向往。而不管你是一个什么样的人，都不要怀疑自我存在的价值。

有一个女孩，她生来就有六个手指，两只手都是，为了这双畸形的手，从小到大她吃了不少苦头。上了大学后，她喜欢上了班里的一个男孩，那个男孩是学生会干部，又高又帅，又有风度，迷倒了校内无数女孩。毕业前夕，女孩忍不住心中的渴望，她想对那个男孩表白，她把这件事告诉了她的好朋友，她的好朋友吃惊地看着她："天啊！我知道他对你不错，还几次跟别人夸过你，可你确定他对你有那个意思吗？你的手——你们真的不太相配！"女友的话击垮了女孩的信心。第二天一早，女孩就向学校递交了去支援西部的志愿书，没有和任何人告别，一个人伤心地去了西部当老师。有一天她正在上课时，一个小女孩握着笔哭了起来。"怎么了？"她温柔地问那个小女孩，女孩抽泣地伸出手："为什么我不能跟你一样？我也想要老师那样美丽的手！"小女孩的话让她呆住了！她第一次想到：原来自己也被别人羡慕着，原来自己也有存在价值，真不明白，以前自己为什么会否定自我呢？她跑到公用电话亭，拨通了男孩的手机，将自己的心路历程明明白白地告诉了他，电话里那男孩沉默了几秒钟，然后他大声说："等着我！处理完这边的事我马上就去找你，请等着我！"

其实，女娲造人时并不公平：有人俊俏，有人奇丑无比；有人健康强壮，有的人百病缠身；有的人出生时身体完美无缺，有的人却缺手缺脚。但无论如何，人活在世上总要生活。问题是你是否热爱生活，能否认清自我的真正价值。

如果一个人对价值理念缺乏定向，往往会导致这个人对现存社会价值观念产生怀疑和不满，无法确信生活的意义而使自我迷失。每个人到了老年时会反省过去的一生，将前面的生命历程整合起来，以评估自己的一生是否活得有意义、有价值，是否已达到自己梦寐以求的目标。

一个人如果认为自己拥有独特的并且有价值的一生，便会觉得一生完美无缺、死而无憾，而且由经验中产生超然卓越的睿智，更能无惧地面对死亡。相反，如果否定自己一生的价值，便会对以往的失败悔恨，余生充满悲观和绝望。因此，不要怀疑自己，更不要否定自己！因为，无论如何，世界上只有一个你，你是独一无二的。“三军可夺帅，匹夫不可夺志。”别人否定你并不可怕，自己绝不要否定自己。

画出你自己的人生色彩

学会选择，不要被他人的论断束缚了自己前进的步伐。追随你的热情，追随你的心灵，它们将带你到你想要去的地方。

人生就是一场比赛，在冲向终点的过程中，难免有人会向你打压、向你喝倒彩。你是想要成功还是想要平凡无为？倘若有人对你说“停下吧，你的目标无法实现”，你又该如何应对？

几只蛤蟆在进行“田径比赛”，终点是一座高塔的顶端，周围有一大群蛤蟆前来观战。

比赛刚开始不久，观众便大声议论起来：“真不知道它们是怎样想的，做这种不现实的事情，它们怎么可能蹦到塔顶呢？简直是天方夜谭!”

过了不久，观众们开始为蛤蟆选手们喝倒彩：“喂，你们还是停下来吧！这场比赛根本不现实，这是不可能达到的目的!”

陆续地，蛤蟆选手们一一被说服，它们退却了，停了下来。然而，却有一只蛤蟆始终不为所动，一往无前地向前……向前……

比赛结果，其他蛤蟆选手全部半途而废，唯有那只蛤蟆以惊人的毅力完成了比赛。所有蛤蟆都很好奇——为什么它有这么强的毅力呢？这时它们才发现，原来它是一只聋蛤蟆。

别人的评价，不能够成为你行动的基准，如此一来，还有什么自我可言？有些时候，我们索性就让自己做一只“聋蛤蟆”吧！这样，你反而会收获更多。

英国剑桥郡的世界第一名女性打击乐独奏家伊芙琳·格兰妮说：“从一开始我就决定：一定不要让其他人的观点阻挡我成为一名音乐家的热情。”

她出生在苏格兰东北部的一个农场，从 8 岁时她就开始学习钢琴。随着年龄的增长，她对音乐的热情与日俱增。但不幸的是，她的听力却在渐渐地下降，医生们断定是由于难以康复的神经损伤造成的，而且断定到 12 岁，她将彻底耳聋。可是，她对音乐的热爱却从未停止过。

她的目标是成为打击乐独奏家，虽然当时并没有这么一类音乐家。为了演奏，她学会了用自己特有的方式来感受其他人演奏的音乐。她不穿鞋，只穿着长袜演奏，这样她就能通过她的身体和想象感觉到每个音符的震动，她几乎用她所有的感官来感受着她的整个声乐世界。

她决心成为一名音乐家，而不是一名聋的音乐家，于是她向伦敦著名的皇家音乐学院提出了申请。

因为以前从来没有一个聋学生提出过申请，所以一些老师反对接收她入学。但是她的演奏征服了所有的老师，她顺利地入了学，并在毕业时荣获了学院的最高荣誉奖。

从那以后，她的目标就致力于成为一位出色的专职的打击乐独奏家，并且为打击乐独奏谱写和改编了很多乐章，因为那时几乎没有专为打击乐而谱写的乐谱。

至今，她已经成为一位出色的专职打击乐独奏家了，因为她很早就下了决心，不会仅仅由于医生诊断她完全变聋而放弃追求，因为医生的诊断并不能阻止她对音乐执著的热爱与追求。

事实证明：伊芙琳·格兰妮的选择是正确的。如果她是个软弱的人，只是听从医生给她下的结论而不与命运去抗争，那样她的音乐才华不仅泯灭了，人类历史上也会少了一个著名的打击乐演奏家，那样岂不是我们人类的巨大损失吗？

人生难免会遇到这种情况，很多时候，旁观者会对你做出主观评价，以她们的视角来审视你的人生。于是，往往会对你做出不公正的“宣判”。这时，请不要在意别人的看法，做你自己、做你自己该作的选择，画出你自己的人生色彩！

人比人，气死人

许多的时候，我们感到不满足和失落，仅仅是因为觉得别人比我们幸运！如果我们安心享受自己的生活，不和别人比较，在生活中就会减少许多无谓的烦恼。

人难免要和别人相比，有不同就会有比较。同事之间总爱打听别人的工资是不是比自己高，老板是不是看中他而不是自己；看别人家买了宽敞舒服的新房子，自己还和父母挤在一起，总会有些不平衡。夫妻之间也经常因为这些发生口角。妻子抱怨老公没有别人的丈夫能干；丈夫则说老婆不如别人的妻子贤惠持家。这样比来比去，根本就没个尽头。须知山外有山，天外有天，即使人登上了珠穆朗玛峰，他也没有头顶上的天高；坐上了总统的宝座，却也只能统治一国而不是整个宇宙。

的确，和人相比可以给自己树立明确的目标和参照，很多人就是向他人看齐，步步赶超，实现自己的目标的。很多成功的企业都是在和对手的竞争中逐渐壮大起来的，这样的例子不胜枚举。但和对手比的同时，还要和自己比。一个中等身材的人在矮人国里鹤立鸡群，但他依然不能算作高个儿。如果你是班里考试唯一一个及格的，那并不能以此就说明你学习好……不断超越自己，才是真正的超越。每天进步一小点儿,看似不起眼，但几年之后，几十年之后，这累积起来的前进将是很大的成就。只有超越自己，才能不断地攀上一座又一座的高峰。

邓亚萍5岁开始随父亲学打球。但她身材矮小，手短脚短，打起乒乓球来的确是挺吃力的。在体工大队训练时，教练认为她“个子低、胳膊短，没发展前途”，被辞退了。邓亚萍被深深地震动了，在她幼小的心灵里暗下决心，一定要以超人的毅力弥补生理上的不足。强烈的自尊心驱使邓亚萍更加刻苦地训练。

1986年，全国乒乓球锦标赛上，13岁的邓亚萍创造了击败世界女子冠军的奇迹，数位世界名将纷纷败在了这个个头不高的小姑娘的拍下。从此她一战成名，入选了国家队，并在以后十几年的时间里多次获得国内国际大赛冠军。创造了后人难以企及的纪录，从而成为中国乒乓球队的灵魂人物。2002年邓亚萍在国际奥委会道德委员会以及运动和环境委员会担任职务；2003年，邓亚萍被邀请到北京奥组委市场开发部工作。此外，她还是全国政协委员。人生道路上的孜孜追求让她获得了无数的成功和荣誉，她超越自我的精神使她不断地创造着新的辉煌。

俗话说："人比人，气死人。"你的身边总有强过你的人，如果无法超越又何必过于执著。盲目地攀比很容易造成心态失衡，因为人无完人，自己总有不足，要勇于承认缺点，没必要去苛求自己。越这样比，人就越自卑，越偏激，在痛苦和自责里挣扎，没有尽头。老子曾说："夫不争，故天下不能与之争。"你不和别人争，只坚持提升自己，也就没有人能争得过你。和别人比，如果你不再有对手，那你也就没有了前进的动力；和自己比，明天就要比今天有进步，这样你才会不断地前进。

为自己活着

别人公正的看法，应当作为我们的参考，以利于修身养性；别人不公正的看法，不要把它放在心上。记住：你有选择自己生活的权利，你应该成为自己命运的主宰。

听取和尊重别人的意见固然重要，但无论何时千万不要人云亦云，做别人意见的傀儡，否则你不但会在左右摇摆不知所往中身心疲惫，失去许多可贵的成功机会，而且还会失去自己。做自己认为对的事，成为自己想成的人，无论成败与否，你都会获得一种无与伦比的成就感和自我归属感。正如但丁的那句豪言：走自己的路，让别人说去吧！

有个人一心一意想升官发财，可是从年轻熬到斑斑白发，却还只是个小公务员。这个人为此极不快乐，每次想起来就掉泪，有一天竟然号啕大哭起来。

一位新同事刚来办公室工作，觉得很奇怪，便问他到底为什么难过。他说："我怎么不难过？年轻的时候，我的上司爱好文学，我便学着作诗、学写文章，想不到刚觉得有点小成绩了，却又换了一位爱好科学的上司。我赶紧又改学数学、研究物理，不料上司嫌我学历太低，不够老成，还是不重用我。后来换了现在这位上司，我自认文武兼备，人也老成了，谁知上司又喜欢青年才俊，我……我眼看年龄渐高，就要退休了，一事无成，怎么不难过？"

可见，没有自我的生活是苦不堪言的，没有自我的人生是索然无味的，丧失自我是悲哀的。要想拥有美好的生活，自己必须自强自立，拥有良好的生存能力。没有生存能力又缺乏自信的人，肯定没有自我。一个人若失去自我，就没有做人的尊严，就不能获得别人的尊重。

活着应该是为了充实自己，而不是为了迎合别人的旨意。没有自我的人，总是考虑别人的看法，这是在为别人而活着，所以活得很累。有些人觉得：老实巴交，会吃亏，被人轻视；表现出众，又引来责怪，遭受压制；甘愿瞎混，实在活得没劲；有所追求吧，每走一步都要加倍小心。家庭之间、同事之间、上下级之间、新老之间、男女之间……天晓得怎么会生出那么多是是非非。你和新来的男同事有所接近，有人就会怀疑你居心不良；你到某领导办公室去了一趟，就会引起这样或那样的议论；你说话直言不讳，人家必然感觉你骄傲自满、目中无人；如果你工作第一，不管其他，人家就会说你是死心眼，或有权欲野心……凡此种种飞短流长的议论和窃窃私语，可以说是无处不在、无孔不入。如果你的听觉视觉尚未失灵，再有意无意地卷入某种旋涡，那你的大脑很快就会被塞满乱七八糟的东西，弄得你头晕眼花、心乱如麻，岂能不累呢？

从前，有一个士兵当上了军官，心里甚是欢喜。每当行军时，他总喜欢走在队伍的后面。

一次在行军过程中，他的敌人取笑他说："你们看，他哪儿像一个军官，倒像一个放牧的。”

军官听后，便走在了队伍的中间，他的敌人又讥讽他说：“你们看，他哪儿像个军官，简直是一个十足的胆小鬼，躲到队伍中间去了。”

军官听后，又走到了队伍的最前面，他的敌人又挖苦他说：“你们瞧，他带兵打仗还没打过一个胜仗，就高傲地走在队伍的最前边，真不害臊！”军官听后，心想：如果什么事都得听别人的话，自己连走路都不会了。从那以后，他想怎么走就怎么走了。

人如果没了自己的主见，经不起别人的议论，那么就会一事无成，最后都不知该怎么办。我们若想活得不累，活得痛快、潇洒，只有一个切实可行的办法，就是改变自己，主宰自己，不再相信“人言可畏”。

我们每个人绝无可能孤立地生活在这个世界上，几乎所有的知识和信息都要来自别人的教育和环境的影响，但你怎样接受、理解和加工、组合，是属于你个人的事情，这一切都要独立自主地去看待、去选择。谁是最高仲裁者？不是别人，而是你自己！歌德说：“每个人都应该坚持走为自己开辟的道路，不被流言所吓倒，不受他人的观点所牵制。”让人人都对自己满意，这是个不切实际、应当放弃的期望。

我们周围的世界是错综复杂的，我们所面对的人和事总是多方面、多角度、多层次的。我们每个人都生活在自己所感知的经验现实中，别人对你的反映大多有其一定的原因和道理，但不可能完全反映你的本来面目和完整形象。别人对你的反映或许是多棱镜，甚至有可能是让你扭曲变形的哈哈镜，你怎么能期望让人人都满意呢？

如果你期望人人都对你看着顺眼、感到满意，你必然会要求自己面面俱到。不论你怎么认真努力，去尽量适应他人，能做得完美无缺，让人人都满意吗？显然不可能！这种不切实际的期望，只会让你背上一个沉重的包袱，顾虑重重，活得太累。

一位画家想画出一幅人人见了都喜欢的画。画毕，他拿到市场去展出。画旁放一支笔，并附上说明：每一位观赏者，如果认为此画有欠佳之笔，均可在画中涂上记号。晚上，画家取回画，发现整个画面都涂满了记号——没有一处不被指责。画家十分不快，对这次尝试深感失望，他决定换一种方法去试试。画家又摹了一张同样的画拿到市场上展出。可这次，他要求观赏者将其最为欣赏的妙笔标上记号。当画家再取回画时，画面又被涂遍了记号，一切曾被指责的笔画，如今却都换上了赞美的标记。

我们无法改变别人的看法，能改变的仅是我们自己。每个人都有每个人的想法，每个人都有每个人的看法，不可能强求统一。我们应该把主要精力放在踏踏实实做人上、兢兢业业做事上、刻苦学习上。改变别人的看法总是艰难的，改变自己总是容易的。

有时自己改变了，也能恰当地改变别人的看法。光在乎别人随意的评价，自己不努力自强，人生就会苦海无边。

管他别人怎么看

一个人活在别人的价值观里就会变得虚荣，因为太在意别人的看法就会失去自我。每个人都应当为自己而活，追求自我价值的实现以及自我的珍惜。如果你追求的幸福是处处参照他人的模式，那么你的一生都会悲惨地活在他人的价值观里。

生活中的人常常很在意自己在别人的眼里究竟是一个什么样的形象，因此，为了给他人留下一个比较好的印象，许多人总是事事都要争取做得最好，时时都要显得比别人高明。在这种心理的驱使下，人们往往把自己推上一个永不停歇的、痛苦的人生轨道上。那么，人应该永远活在别人的价值观里吗？

有一天下午，苏菲正在弹钢琴时，7 岁的儿子走了进来。他听了一会儿说："妈，你弹得不怎么高明吧？"

不错，是不怎么高明。任何认真学琴的人听到她的演奏都会退避三舍，不过苏菲并不在乎。多年来苏菲一直这样不高明地弹，弹得很高兴。

苏菲也喜欢不高明的唱歌和不高明的绘画。从前还自得其乐于不高明的缝纫，后来做久了终于做得不错。苏菲在这些方面的能力不强，但她不以为耻。因为她不愿意活在别人的价值观里，她认为自己有一两样东西做得不错。

"啊，你开始织毛衣了，"一位朋友对苏菲说，"让我来教你用卷线织法和立体织法来织一件别致的开襟毛衣，织出十二只小鹿在襟前跳跃的图案。我给女儿织过这样一件。毛线是我自己染的。"苏菲心想，我为什么要找这么多麻烦？做这件事只不过是为了使自己感到快乐，并不是要给别人看以取悦别人。直到现在为止，苏菲看着自己正在编织的黄色围巾每星期加长五至六厘米时，还是自得其乐。

从苏菲的经历中不难看出，她生活得很幸福，而这种幸福的获得正在于，她做到了不是为了向他人证明自己是优秀的而有意识地去索取别人的认可。改变自己一向坚持的立场去追求别人的认可并不能获得真正的幸福，这样一条简单的道理并非人人都能在内心接受它，并按照这条道理去生活。因为他们总是认为，那种成功者所享受到的幸福就在于他们得到了这个世界大多数人的认可。

其实，获得幸福的最有效的方式就是不为别人而活，不让别人的价值观影响自己，就是避免去追逐它，就是不向每个人去要求它。通过和你自己紧紧相连，通过把你积极的自我形象当作你的顾问，通过这些，你就能得到更多的认可。

电影明星佛莱德·艾斯泰尔在成名之前是舞蹈演员，他1933年到米高梅电影公司首次试镜后，在场导演给他的评语是“毫无演技，前额微秃，略懂跳舞”。后来艾斯泰尔将这张纸裱起来，挂在比佛利山庄的豪宅中。

美国职业足球教练文斯伦巴迪当年曾被批评“对足球只懂皮毛，缺乏斗志”。

哲学家苏格拉底曾被人贬为“让青年堕落的腐败者”。

彼得·丹尼尔小学四年级时常遭到老师菲利浦太太的责骂：“彼得，你功课好差；脑袋不行，将来别想有什么出息!”彼得在26岁前仍是大字不识几个，有次一位朋友念了一篇《思考才能致富》的文章给他听，给了他相当大的启示。现在他买下了当初他常打架闹事的街道，并且出版了一本书《菲利浦太太，你错了!》。

贝多芬学拉小提琴时，技术并不高明，他宁可拉他自己作的曲子，也不肯做技巧上的改善，他的老师说他绝不是个当作曲家的料。

歌剧演员卡罗素美妙的歌声享誉全球。但当初他的父母希望他能当工程师，而他的老师则说他那副嗓子是不能唱歌的。

发表《进化论》的达尔文当年决定放弃行医时，遭到父亲的斥责：“你放着正经事不干，整天只管打猎、捉狗、捉耗子的。”另外，达尔文在自传上透露：“小时候，所有的老师和长辈都认为我资质平庸，我与聪明是沾不上边的。”

沃特·迪士尼当年被报社主编以缺乏创意的理由开除，建立迪士尼乐园前也曾破产好几次。

爱因斯坦4岁才会说话，7岁才会认字。老师给他的评语是：“反应迟钝，不合群，满脑袋不切实际的幻想。”他曾遭到退学的命运。

法国化学家巴斯德在读大学时表现并不突出，他的化学成绩在22

人中排第 15 名。

牛顿在小学的成绩一团糟，曾被老师和同学称为“呆子”。

罗丹的父亲曾怨叹自己有个白痴儿子，在众人眼中，他曾是个前途无“亮”的学生，艺术学院考了三次还考不进去。他的叔叔曾绝望地说：“孺子不可教也。”

《战争与和平》的作者托尔斯泰，读大学时因成绩太差而被劝退学。老师认为他：“既没读书的头脑，又缺乏学习的兴趣。”

如果这些人不是尽力唱出自己的声音，而是被别人的评论所左右，怎么能取得举世瞩目的成绩？

意大利著名诗人但丁曾经说过：“走自己的路，让别人说去吧！”是的，在人生这条路上，不要太在意别人的看法，你管他别人怎么说！只要自己认定是对的，大可义无反顾地走下去。

不要企图向别人看齐

每个人都是独一无二的，不要企图像别人看齐，更不要拿别人的标准来衡量自己，那样只会适得其反。

每个人都是不同的，这注定每个人的人生都将千差万别。而有些人总是喜欢拿自己的缺点和别人的优点相比，这就是自卑的原因。接着，自卑又强烈地刺激了一个人的自尊心，也就是我们所说的“自尊心太强”，其实，这也是虚荣心的表现。虚荣心强的人，过于自尊却缺乏自信，容易产生一种忌妒心理，不能容忍别人超过自己。这既是一种不良情绪，又是一种错误行为，轻则危害身体健康，重则导致人生的失败。

麦克斯·威尔医师在罗斯福执政期间，曾负责为总统夫人的一位朋友做一个手术。

事后，罗斯福夫人邀请他到白宫去。他在那里过了一夜，据说隔壁就是林肯总统曾经睡过的房间，他为此感到无比荣幸。

那天晚上，他想着隔壁就是总统睡过的房间，根本没有睡意，他开始用白宫的文具和纸张写信给母亲、朋友……

他在心里对自己说："麦克斯，你真的来到白宫了，这是多少人梦寐以求的事情啊！"

第二天一早起来，他下楼用早餐，总统夫人已经等在那里了。他吃着盘中的炒蛋，心里想着回去以后该如何向自己的家人和朋友描述这个美好的情景。

但是，问题出现了，因为仆人又送来了一托盘的鲑鱼，而他什么都吃，就是从不吃鲑鱼，因此畏惧地对着那些鲑鱼发呆。

罗斯福夫人向麦克斯微笑，指着总统先生说："他很喜欢吃鲑鱼。"

麦克斯考虑了一下，心想："我是什么人？怎么能怕鲑鱼？总统都觉得好吃，我就不能觉得很好吃吗？"

于是，他切着鲑鱼，并混着炒蛋一起吃下去。结果，他从下午开始就浑身不舒服，一直到晚上仍然非常想呕吐。

后来，麦克斯一直思索，这件事有什么意义呢？他在著作《心灵的慧剑》中写下了自己的感想："很简单，其实我一点也不想吃鲑鱼，而且根本也不必吃，但是我为了附和总统而背叛了自己。虽然这是件小事，很快就过去了，可是换个角度想，这不正是许多人为了成功最常碰到的陷阱之一吗？"这个故事提醒人们，每个人都有各自的特点，也有各自的长处，不要拿别人的标准来衡量自己。

有自卑感的人，为了要取得优越地位所做的努力，往往会使错误更加严重。因为，他在做自己不擅长的事，在做自己不喜欢的事，就完全失去了自我。这会为他招来更多的困扰，使他受到更多的挫折，一切都会变得不顺利，愈努力愈糟糕。

伊笛丝·阿雷德太太从小就特别敏感而腼腆，她的身体一直太胖，而她的一张脸使她看起来比实际还胖得多。伊笛丝有一个很古板的母亲，她认为把衣服弄得漂亮是一件很愚蠢的事情。她总是对伊笛丝说："宽衣好穿，窄衣易破。"而母亲总照这句话来帮伊笛丝穿衣服。所以，伊笛丝从小就习惯于把自己包裹在肥大的衣服里，也越来越觉得自己肥胖丑陋。她变得非常自卑。伊笛丝从来不和其他的孩子一起做室外活动，甚至不上体育课。她非常害羞，觉得自己和其他的人都"不一样"，完全不讨人喜欢。

长大之后，伊笛丝嫁给一个比她大好几岁的男人，可是她并没有改变。她丈夫一家人都很好。伊笛丝尽最大的努力要像他们一样，可是她做不到。他们为了使伊笛丝开朗而做的每一件事情，都只是令她更退缩到她的壳里去。伊笛丝变得紧张不安，躲开了所有的朋友，情形坏到甚至怕听到门铃响。伊笛丝知道自己是一个失败者，又怕她的丈夫会发现这一点，所以每次他们出现在公共场合的时候，她都假装很开心，结果常常做得太过分。事后，伊笛丝会为此难过好几天。最后不开心到使她觉得再活下去也没有什么道理了，伊笛丝开始想自杀。

后来，是什么改变了这个不快乐的女人的生活呢？只是一句随口说出的话。

有一天，她的婆婆正在谈怎么教养她的几个孩子，她说："不管事情怎么样，我总会要求他们保持本色。"

"保持本色！"就是这句话！在那一刹那，伊笛丝才发现自己之所以那么苦恼，就是因为她一直在试着让自己适应一个并不适合自己的模式。

伊笛丝后来回忆道："在一夜之间我整个改变了，我开始保持本色。

我试着研究我自己的个性、自己的优点，尽我所能去学色彩和服饰知识，尽量以适合我的方式去穿衣服，主动地去交朋友。我参加了一个社团组织——起先是一个很小的社团——他们让我参加活动，把我吓坏了。可是我每发过一次言，就增加了一点勇气。今天我所有的快乐，是我从来没有想过可能得到的。在教养我自己的孩子时，我也总是把我从痛苦的经验中所学到的结果教给他们：‘不管事情怎么样，总要保持本色。’”

所以，不要拿“他人”的标准来衡量自己，因为你不是“他人”，也永远无法用他人的标准来衡量自己；同样地，他人也不该以你的标准来衡量自己。只要你了解了这个简单、明显的真理，接受它，相信它，你的自卑感就会消失得无影无踪。

但求问心无愧

人类社会充满矛盾，若没有矛盾，或许就不存在所谓的世界了。一个人活着，不可能随所有人的意，甚至有时会被人误解、冤枉……其实，你不必太过在乎，关键是你能不能做到问心无愧，这样，你才是真正地在做人。

人，是一种高级的社会性动物。做人，不仅要有感性，更要有理性。在一个人的整个的生命过程中，要不断地与人交往，做各种各样的事情。华夏民族千年传统告诉我们：要做好人，才能做好事。可是，如何才能将人做好，将事情做好呢？

事实上，要做到这一点真的很难。毕竟，人与人之间的想法、价值观、性格取向是不同的，即便你再怎么努力，也无法做到人人满意。所以说，我们做人做事，没必要苛求完美，能做到“不求尽如人意，但求无愧我心”就可以了。

通常而言，人们往往把事情分为好坏两种。如何判别好与坏、是与非，每个人都有其标准。或许某些人认为的好事，在另一人看来则是坏的；或许某些人认为的坏事，在其他人看来又是好的。于是，这个社会便有了矛盾与分歧，有了纠纷与对抗。基于此，我们做人做事，就要有自己的一套准则，它或许与别人的观点相悖，甚至与传统的观念相抵触，甚至是背叛一些做人的信条，但是，只要我们——问心无愧。

美国南部一个安静的小镇上，刺耳的枪声划破了午后的沉寂。他是刚入警局不久的年轻助手，今天随警长出警。

一位年轻人倒在地板上，身下有一摊血迹，右手无力地摊开，手枪滚落一旁。身旁的遗书上笔迹凌乱，而他钟爱的女子在昨天与另一个男人走进了教堂。

死者的6位亲友都呆呆地伫立着，他禁不住向他们投去同情的一瞥。他知道他们的哀伤与绝望，不仅是因为一个生命的消逝，还因为对于基督教徒而言，自杀便是在上帝面前犯了罪，他的灵魂从此将在地狱受烈焰焚烧。而风气保守的小镇居民会视他们全家为异教徒，从此不会有好人家的男孩子约会他们的女儿，也不会有良家女子肯接受他们儿子的戒指与玫瑰。

这时，一直沉默着、紧锁双眉的警长突然开口：“不，这是谋杀！”他弯下腰，在死者身上摸索许久，忽然转过头来，用威严的语调问：“你们有谁看见他的银挂表了吗？”

那块银挂表，镇上的每个人都认得，是那女子送给年轻人唯一的信物。每个人都记得他是如何5分钟便拿出来看一次时间，在阳光下，挂表闪闪发光，仿佛一颗银色的、温柔的心。

所有人都慌忙否认。警长严肃地站起身：“如果你们都没有看到，那就一定是凶手拿走了，这是典型的谋财害命。”

死者的亲人号啕大哭起来，仿佛那捆压垮骆驼的稻草自他们身上取了下来，而邻居们也开始上门表达他们的慰问和吊唁。警长充满信心地宣布：“只要找到银挂表就可以找到凶手了！”

门外，阳光如蜜，风似薄荷，大草原上五月滚动的长草像燃烧着的绿色波浪。他对警长的明察秋毫钦佩到无以复加的程度，他问：“我们该从哪里找起呢？”

警长的嘴角多了一抹偷偷的笑意，慢慢伸手从口袋里掏出一块挂表。

他忍不住叫出声：“难道是……”

警长看着周围广阔的草原，微笑点头，“幸好任何人都知道，大草原上要寻找一个凶手和寻找一株毒草是一样困难的。”

“他明明是自杀，你为什么偏要说是谋杀呢？你让他的家人更加难过了。”

“但是他们不用担心他灵魂的去处，而他们在哭泣过后，还可以像任何一个好基督徒一样清清白白地生活了。”

“可是偷盗、说谎一样是违背忠诚的呀。”

警长锐利的眼睛盯牢他：“年轻人，请相信我，一句因为仁爱而说的谎，连上帝也会装作没有听见。”

那是他遇到的第一桩案子，也是他一生中最重要的一课。

有时，谎话并非罪恶，相反却是善意的隐瞒。出于仁义与善良的心愿，谎话有时比真话更显美丽。只要我们的心是真实善良的，才是最重要的。

所以，别被世俗约束太多，但求无愧于心吧！

就拿那位警长来说，他说谎，将一宗自杀案定为谋杀案，这本身违背了他的职业准则，甚至背叛了当地的习俗，但是，他真的错了吗？反过来说，如果不这样做，他自己会心安吗？

所谓问心无愧，就是一个人在做某一件事时，可以扪心自问：我这样做，对别人是没有愧疚的，是对得起别人的，即便对方一时不理解、不接受。问心，问的是自己的良心，只要良心未失，就按着你的心去做吧！

第十辑

烦恼都是自找来
——勿自怨艾而为气所使

烦恼，人人都有。有人哭着过，有人笑着活，无非是因为他们看待生活的视角不同。其实，烦恼都是自找的，而人生远没你想象的那么糟糕。

烦恼的根源

奋斗、工作、求财、求名等，我们做这一切，说到底都是为了使生活变得更加美好，倘若因此影响了生活的质量，岂不是得不偿失？看淡一些，生活自然会变得轻松写意，否则你的人生就真的要被悲具套牢了。

投入生活，就会受到来自于诸多方面烦恼的干扰，常常令我们身心疲惫、痛苦不堪，然而心病还需心药医，只有我们从内心摆脱这些烦恼的束缚，将它们全部抛开，才能让心灵得到真正的轻松。

在当今这个所谓呼唤英雄的时代，人们总是在无休止地攀比，在徒劳中垂死挣扎，在摒弃逆来顺受懦性的同时，也失去了心境的平静。而在这个以成败论英雄的社会，我们真的需要放下所谓的烦恼，谁说跟命运抗争就一定会赢呢，或许命运本身就是对的！所以，我们也该卸下强出头的烦恼！顺其自然，或许，这样的心境能让我们有种“柳暗花明又一村”的惊喜！

佛家有一首名为《无题》的诗偈：

春有百花秋有月，夏有凉风冬有雪。

若无闲事挂心头，便是人间好时节。

此偈的首两句描写大自然的景致：春花秋月，夏风冬雪，皆是人间胜景，令人赏心悦目，心旷神怡。然而禅师将话锋一转又说，世间偏偏有人不能欣赏当下拥有的美好，而是怨春悲秋，厌夏畏冬，或者是夏天里渴望冬日的白雪，而在冬日里又向往夏天的丽日，永无顺心遂意的时候。这是因为总有“闲事挂心头”，纠缠于琐碎的尘事，从而迷失了自我。只要放下一切，欣赏四季独具的情趣和韵味，用敏锐的心去感悟体会，不让烦恼和成见常住心头，便随时随地可以体悟到“人间好时节”的佳境禅趣。

只要我们正在经历生活，就免不了会有一些事情占据在心间挥之不去，让我们吃不下、睡不着，然而这些事情却并非那些重要而让我们非装着不可的事情，只是我们庸人自扰罢了。

有这样一个故事：

几位同窗去拜访大学老师，觥筹交错之际，乘着酒性众人纷纷诉说起自己的不如意，诸如工作压力太大，竞争中受挫，商场失利，生活琐事太多，等等。老师听后微笑不语，只是吩咐师娘不断地为大家夹菜、添菜。

餐后，老师自厨房取出一大堆杯子摆在茶几上，杯子的形态各异，有好有坏，其中有陶瓷的，有玻璃的，有塑料的，有的杯子看起来高贵典雅，有的杯子看起来粗陋低廉……接着老师对大家说道：“你们都是我的学生，我也就不客套了，谁如果口渴了，就自己倒点水喝吧。”

众人说了半天，早已经口干舌燥，听老师这样一说，也不再客套，于是纷纷拿起自己看中的杯子倒起水来，等到最后一位同学也将杯子注满以后，老师发话了：“不知道你们是否注意到了，大家挑的都是最好看、最精致的杯子，而那些不起眼的杯子，却摆在那里无人问津。”

众人并不觉得奇怪——谁不希望自己手中是一只好看的杯子？只听老师继续说道：“这就是你们烦恼的根源所在。是的，大家喝的是水，而不是杯子，但我们却下意识地选择漂亮水杯。这就像我们的生活，若将生活比做水，钱财、工作、名利就是盛水的杯子，它的好坏并不会影响水的质量。如果你一直将目光盯在杯子上，就无法体会到水的甘甜。”

我们喝的是水，而不是杯子，为何偏偏要去在意杯子的好坏？这或许就是我们烦恼的根源所在。

其实你很幸福

对于我们的眼睛，不是缺少美，而是缺少发现。生活里有许许多多的美好、许许多多的快乐，关键在于你能不能发现它。

幸福是一种内心的满足感，是一种难以形容的甜美感受。它与金钱地位无关，只在于你是否拥有平和的内心、和谐的思想。

一个充满忌妒想法的人是很难体会到幸福的，因为他的不幸和别人的幸福都会使他自己万分难受；一个虚荣心极强的人是很难体会到幸福的，因为他始终在满足别人的感受，从来不考虑真实的自我；一个贪婪的人是很难体会到幸福的，因为他的心灵一直都在追求，而根本不会去感受。

幸福是不能用金钱去购买的，它与单纯的享乐格格不入。比如你正在大学读书，生活相当清苦，但却十分幸福。过来人都知道，同学之间时常小聚，一瓶二锅头、一盘花生米、半斤猪头肉，就会有说有笑，彼此交流读书心得，畅谈理想抱负，那种幸福之感至今仍刻骨铭心，让人心驰神往。昔日的那种幸福，今天无论花多少钱都难以获得。

一群西装革履的人吃完鱼翅鲍鱼笑眯眯地从五星级酒店里走出来时，他们的感觉可能是幸福的。而一群外地民工在路旁的小店里，就着几碟小菜，喝着啤酒，说说笑笑，你能说他们不幸福吗？

因此，幸福不能用金钱的多少去衡量，一个人很有钱，但不见得很幸福。因为，他或者正担心别人会暗地里算计他，或者为取得更多的名利而处心积虑。许多人全心全意追求金钱，认为有了钱就可以得到一切，事实证明，那只是傻子的想法。

其实，幸福并不仅仅是某种欲望的满足，有时欲望满足之后，体验到的反而是空虚和无聊，而内心没有忌妒、虚荣和贪婪，才可能体验到真正的幸福。

湖北的一个小县城里，有这样一家人，父母都老了，他们有三个女儿，只有大女儿大学毕业有了工作，其余的两个女儿还都在上高中，家里除了大女儿的生活费可以自理外，其余人的生活压力都落在了父亲肩上。但这一家人每个人的感觉都是快乐的。晚饭后，父母一同出去散步，和邻居们拉家常，两个女儿则去学校上自习。到了节日，一家人团聚到一块儿，更是其乐融融。家里时常会传出孩子们的打闹声、笑声，邻居们都羡慕地说："你们家的几个闺女真听话，学习又好。"这时父母的眼里就满是幸福的笑。其实，在这个家里，经济负担很重，两个女儿马上就要考大学，需要一笔很大的开支。家里又没有一个男孩子做顶梁柱，但女儿们却能给父母带来快乐，也很孝敬。父母也为女儿们撑起了一片天空，让她们在飞出家门之前不会感受到任何凄风冷雨。所以，他们每个人都是快乐和幸福的。

古人李渔说得好："乐不在外而在心，心以为乐，则是境皆乐，心以为苦，则无境不苦。"意思是：一个人是否幸福不在于自己外在情况怎样，而在于内在的想法。如果你有积极的想法，即使是日常小事，你也会从中获得莫大的幸福；倘若你消极思考，那么任何事情都会让你感到痛苦。

苏轼说："月有阴晴圆缺，人有悲欢离合，此事古难全。"既然"古难全"，为什么你不去想一想让自己快乐的事，而去想那些不快乐的事呢？一个人是否感觉幸福，关键在于自己的想法。

如果今天早上你起床时身体健康，没有疾病，那么你比几百万的有病之人更幸运，因为他们中有的甚至看不到下周的太阳了；如果你从未尝试过战争的危险、牢狱的孤独、酷刑的折磨和饥饿的滋味，那么你的处境比其他5亿人更好；如果你在银行里有存款，钱包里有票子，盒里有零钱，那么你属于世上8%最幸运之人；如果你父母双全，没有离异，且同时满足上面的这些条件，那么你的确是那类很幸运的地球人。

所以，去工作而不要过于以挣钱为目的；去爱而忘记别人对你的不是；去跳舞而不管是否有他人关注；去唱歌而不要想着是否有人在听；去生活就想这世界便是天堂。这样，你就会发现其实你也很幸福！

面对阳光，你就看不到阴影

消极的人多抱怨，积极的人多希望。消极的人等待着生活的安排，积极的人主动安排、改变生活。积极的思想是快乐的起点，它能激发你的潜能，愉快地接受意想不到的任务，悦纳意想不到的变化，宽容意想不到的冒犯，做好想做又不敢做的事，获得他人所企望的发展机遇，你自然也就会超越他人。而如果让消极的思想压着你，你就会像一个要长途跋涉的人背着沉重而无用的大包袱一样，使你看不到希望，也失掉许多唾手可得的机遇。

总从坏的一面看问题是一种悲观想法，它会抑制你的进取心，让你被忧虑侵蚀，因此，我们一定要战胜这种不好的思考方式。

一场大水冲垮了女人家的泥屋，家具和衣物也都被卷走了。洪水退去后，她坐在一堆木料上哭了起来：为什么她这么不幸？以后该住在哪儿呢？镇里的表姐带了东西来看她，她又忍不住跟表姐哭诉了一番，没想到表姐非但没有安慰她，还斥责起她来："有什么好伤心的？泥房子本来就不结实，你先租个房子住段时间，再盖砖瓦的不就好了！”

故事中的女人就是生活中的悲观者的代表，他们遇事总是拼命往坏的一面想，自找烦恼，死钻牛角尖，不问自己得到了什么，只看自己失去了多少，结果情况越来越糟糕，心情越来越低落。其实，任何事情都有坏的一面和好的一面，如果能从积极的方面看问题、想办法，那么就会有一个截然不同的结果，做起事来也就会更加得心应手。

有这样一则民间故事：有位秀才第二次进京赶考，住在一个以前住过的店里。考试前一天他接连做了两个梦：第一个梦是梦到自己在墙上种高粱；第二个梦是下雨天，他戴了斗笠还打伞。这两个梦似乎有些深意，秀才第二天就赶紧去找算命的解梦。算命的一听，连拍大腿说：“你还是回家吧，你想想，高墙上种高粱不是白费劲吗？戴斗笠还打雨伞不是多此一举吗？”秀才一听，心灰意冷，回店收拾包袱准备回家。店老板非常奇怪，问：“不是明天才考试吗，你怎么今天就回乡了？”秀才如此这般解说了一番，店老板乐了：“咳，我也会解梦的。我倒觉得，你这次一定要留下来。你想想，墙上种高粱不是高种（中）吗？戴斗笠打伞不是说明你这次是有备无患吗？”秀才一听，觉得店老板的话比算命的话更有道理，于是精神振奋地参加考试，居然中了个榜眼。

角度不同，对问题的看法各有所异，有人积极，有人消极。消极思维者只看坏的一面，对事物总能找到消极的解释，最终他们也将得到消极的结果。而积极思维者却更愿意从好的方面考虑问题，并通过自己的努力，得到一个积极的结果。所有这一切正如叔本华所言：“事物的本身并不影响人，人们是受到对事物看法的影响！”

悲观的人永远都是想到自己只剩下百万元而担忧，乐观的人却永远为自己还剩下一万元而庆幸。面对金黄的晚霞映红半边天的情景，有人叹息：“夕阳无限好，只是近黄昏。”也有人想到的却是：“莫道桑榆晚，晚霞尚满天。”面对半杯饮料，有人遗憾地说：“可惜只有半杯了。”有人庆幸地说：“尚好，还有半杯可饮。”不同的人对同一件事有不同的心情，就因为对其有不同的想法，结果当然也会大相径庭。

我们每个人都有自己的生活，都有选择精彩人生的机会，关键在于你的想法是否总是朝向积极的一面。凡事往好处想，就会觉得人生快乐无比。人生没有绝对的苦乐，只要凡事肯向好处想，自然能够转苦为乐、转难为易、转危为安。海伦·凯勒说：“面对阳光，你就会看不到阴影。”积极的人生观，就是心里的阳光！

勿自怨艾而为气所使

没有谁能事事如意，倘若事有不顺便抱怨连天、自认可怜，而不是想办法去解决。那么，这一辈子你就只能做个可怜人，而且，这样的人，没有人会看得起。

事业不顺、婚姻不顺、生活不顺……种种不顺一时间都让你碰上了。这时，如果你一味地顾影自怜会觉得自己是天底下最倒霉的人。于是，从此在别人面前或者内心里，你成了一个自怜并需要别人同情的可怜人，于是你变得真的可怜，而那个真实的自己就这样被掩盖起来。

如果你有与生俱来的音乐天赋，外加你在钢琴上下了10年的苦功，使你成为大众公认的音乐家了，你用你音乐的才能，赚到了进大学的费用；你在大学医科选定了外科的专业，专心研习，希望将来能成为一个良好的服务者；同时，你又热心地希望用音乐做你的副业，而对于人类也有服务的机会。然而当你正在这样热心地期待着将来的事业成功的时候，你不幸地遭遇车祸，你的双手被撞坏，在你的专业与爱好上都无法发挥作用。这时候，你该怎么办呢？

倘若你除音乐的才能之外，还有演说才能，当对外科医生与音乐都绝望时，你日夜训练，使自己成为了一个演说家、教育家。经过几年的训练和研究之后，你居然做到了，并且赚了很多钱，却在这时候，你又得了严重的胃溃疡住进了医院。经过半年多的时间，病虽然好了，但大病初愈还须休养才能恢复。这时候，你又该怎么办呢？

以上的两个问题，都是梅森先生亲身经历的。上天既赋予梅森先生音乐和演说的才能，同时又赋予他不屈不挠的精神，所以他虽在这两种悲惨的情形之中，却从没有过自暴自弃的念头。虽然在这两种情形之中，他也曾有过失望，这正如一个人倾尽所有投资于一家工厂，等到工厂要开工的时候，忽然半夜他被人唤醒，他所有的一切都在半夜的火焰里化为灰烬的情形一样。

但是，自怜是于事无补的，在这时候，他得到了在小时候曾经发生过的一件事情的帮助。他在幼小的时候，他母亲先患伤寒，继之患肺炎，最后又患脑膜炎。医院和医师的记录可以证明在医药史料之中，他的母亲的昏迷状态算是时间很长了。他希望母亲醒过来，认得他，可母亲一直没有知觉。有一天晚上，父亲先后请来了几位医师，都说母亲的病无望了。将近半夜的时候，他们的家庭医师告诉父亲说，母亲的生命维持不到天亮了，让父亲预备后事。他听到这悲惨的消息哭叫一声，跪在父亲的脚边，抱着他的踝骨哭了起来。他的父亲立即抱起他来，要他站着，父亲看见他站也站不住只是哭个不休，于是正色望着他，对他说道："儿啊，这是人类不得不勇敢地站起来去对付的困难事件之一。"

隔了 13 年，他被汽车撞坏了双手，对于他理想中的前途完全绝望，他的心不知不觉回到了母亲临危的那夜里，竟忍不住哭了起来。但是他的耳朵里忽然听到父亲的声音："儿啊，这是人类不得不勇敢地站起来对付的困难事件之一。"

多少年以来，梅森先生到处演说，到处播音，他曾遇到了很多的男女老少来他这里畅谈他们的不幸和悲伤，其中有许多人说："实在没办法了，我只得预备自杀！"但是，真的没有办法了吗？事实上不过甘心自弃罢了！掀掉这个自我怜悯的假面具你会发现：还有一个比自己想象中更坚强的自己。

要想快乐，何不自己跳出来

其实，快乐就在你身边，触手可及。很多人之所以体会不到，是因为他们把自己锁在烦恼的怪圈之中，不肯迈出那轻轻的一步。

其实每一个人的心都是自由的，如果你感叹心太累，那么一定是你自己锁住了自己。"世上本无事，庸人自扰之"，何必做一个自筑牢狱的庸人呢？跳出来吧，快乐正在等着你。

三伏天，禅院的草地枯黄了一大片。"快撒点草种子吧！好难看啊！"小和尚说。

师父挥挥手："随时！"

中秋，师父买了一包草籽，叫小和尚去播种。

秋风起，草籽边撒、边飘。"不好了，好多种子都被吹飞了！"小和尚喊。

"没关系，吹走的多半是空的，撒下去也发不了芽。"师父说，"随性！"

撒完种子，跟着就飞来几只小鸟啄食。"要命了，种子都被鸟吃了！"小和尚急得跳脚。

“没关系，种子多，吃不完！”师父说，“随遇！”

半夜一阵骤雨，小和尚早晨冲进禅房：“师父，这下真完了，好多草籽被雨冲走了！”

“冲到哪儿，就在哪儿发芽！”师父说，“随缘！”

一个星期过去了。原本光秃的地面，居然长出许多青翠的草苗。一些原来没播种的角落，也泛出了绿意。

小和尚高兴得直拍手。

师父点头：“随喜！”

“随时、随性、随遇、随缘”概括了人生多少自然，多少豁达！不妄求、不贪恋、不慌乱、不躁进，一切自然随意，人生还会有太多的东西可以让你寝食难安，愁眉不展吗？很多的东西都是人人想要的。为此，世事纷争、你恨我怨，但有几人可以如愿？为何不开释自己的心灵，无私无欲？让自己跳出心灵的圈子，卸下包袱，心境恬静一点？

不要幻想生活总是那么圆圆满满，也不要幻想在生活的四季中享受所有的春天，每个人的一生都注定要跋涉沟沟坎坎，品尝苦涩与无奈，经历挫折与失意。

洒脱一点，得失存乎于世，弃之于心，人生难免看尽落英缤纷，风华早谢。停留与驻足不应该是你人生失意时的选择，抬眼望天，太阳永远光彩夺目，月亮永远以暗夜作幕。生活不可求全责备，披着阳光的色彩前行，生活才会有光明照耀。细细想来，其实你完全可以很快乐。就像这个烦恼少年的经历一样。有一天，他来到一个山脚下。只见一片绿草丛中，一位牧童骑在牛背上，吹着悠扬横笛，逍遥自在。

烦恼少年看到了很奇怪，走上前去询问：“你能教给我解脱烦恼之法吗？”

“解脱烦恼？嘻嘻！你学我吧，骑在牛背上，笛子一吹，什么烦恼也没有。”牧童说。

烦恼少年试了一下，没什么改变，他还是不快乐。

于是他又继续寻找。走啊走啊，不觉来到一条河边。岸上垂柳成阴，一位老翁坐在柳荫下，手持一根钓竿，正在垂钓。他神情怡然，自得其乐。

烦恼少年又走上前问老翁："请问老翁，您能赐我解脱烦恼的方法吗?"

老翁看了一眼忧郁的少年，慢声慢气地说："来吧，孩子，跟我一起钓鱼，保管你没有烦恼。"

烦恼少年试了试，不灵。

于是，他又继续寻找。不久，他路遇两位在路边石板上下棋的老人，他们怡然自得，烦恼少年又走上前去寻求解脱之法。

"喔，可怜的孩子，你继续向前走吧，前面有一座方寸山，山上有一个灵台洞，洞内有一位老人，他会教给你解脱之法的。"老人一边说，一边下着棋。

烦恼少年谢过下棋老者，继续向前走。

到了方寸山灵台洞，果然见一长髯老者独坐其中。

烦恼少年长揖一礼，向老人说明来意。

老人微笑着摸摸长髯，问道："这么说你是来寻求解脱的?"

"对对对！恳请前辈不吝赐教，指点迷津。"烦恼少年说。

老人答道："请回答我的提问。"

"有谁捆住你了吗?"老人问。

"……没有。"烦恼少年先是愕然，尔后回答。

"既然没有人捆住你，又谈何解脱呢?"老人说完，摸着长髯，大笑而去。

烦恼少年愣了一下，想了想，有些明白了：是啊！又没有任何人捆住了我，我又何须寻找解脱之法呢？我这不是自寻烦恼，自己捆住自已吗？

少年正欲转身离去，忽然面前成了一片汪洋，一叶小舟在他面前荡漾。

少年急忙上了小船，可是船上只有双桨，没有渡工。

“谁来渡我？”少年茫然四顾，大声呼喊着。

“请君自渡！”老人在水面上一闪，飘然而去。

少年拿起木桨，轻轻一划，面前顿时变成了一片平原，一条大道近在眼前。少年踏上大路，欢笑而去。跳出心灵牢狱的方法在你自己的手里，没有人可以左右你的思想，如果你依然用烦恼自扰，别人谁也不可能帮上你的忙。因为无人可以把他的意志强加在你的头上。境由心造，要想快乐，何不自己跳出来？

让不快随风而散

人活于世，挫折、烦恼在所难免，若是不想让它影响你的心情，最好的方法就是将心放大，淡化它、忽视它、遗忘它。这样，你才能活得更加幸福。

上天赐给我们很多宝贵的礼物，其中之一即是“遗忘”。只是我们过度强调“记忆”的好处，却忽略了“遗忘”的功能与必要性。生活中，许多事需要你记忆，同样也有许多事需要你遗忘。

比如，你失恋了，总不能一直溺陷在忧郁与消沉的情境里，必须尽快遗忘；股票失利，损失了不少金钱，心情苦闷提不起精神。你也只有尝试着遗忘；期待已久的职位升迁，人事令发布后竟然没有你，情绪之低可想而知。解决之道别无他法——只有勉强自己遗忘。

只有遗忘了那些不快，才会更好地前进。

然而，想要遗忘却不像想象中那么容易。遗忘是需要时间的，如果你连“想要遗忘”的意愿都没有，那么，时间也无能为力。

一般人往往很容易遗忘欢乐的时光，对于不快的经历却常常记起，这是对遗忘的一种抗拒。换言之，人们习惯于淡忘生命中美好的一切；但对于痛苦的记忆，却总是铭记在心。就如你吃过了糖会很快忘记甜，吃过了黄连却口有余苦。

的确，很多人无论是待人或处世，很少检讨自己的缺点，总是记得对方的不是以及自己的欲求。其实到头来，还是很少如愿——因为，每个人的心态正彼此相克。

反之，如果这个社会中的每个人，都能够试图将对方的不是及自己的欲求尽量遗忘，多多检讨自己并改善自己，那么，彼此之间将会产生良性的互补作用，这也才是每个人希望达到的。有这样一个故事：有一次，一位女士给了一个朋友三条缎带，希望他也能送给别人。这位朋友自己留了一条，送给他不苟言笑、事事挑剔的上司两条，因为他觉得由于上司的严厉使他多学到许多东西，同时他还希望他的上司能拿去送给另外一个影响他生命的人。

他的上司非常惊讶，因为所有的员工一向对他敬而远之。他知道自己的人缘很差，没想到还有人会感念他严苛的态度，把它当做是正面的影响而向他致谢，这使他的心顿时柔软起来。

这个上司一个下午都若有所思地坐在办公室里，而后他提早下班回家，把那条缎带给了他正值青春期的儿子。他们父子关系一向不好，平时他忙着公务，不太顾家，对儿子也只有责备，很少赞赏。那天他怀着一颗歉疚的心，把缎带给了儿子，同时为自己一向的态度道歉，他告诉儿子，其实他的存在带给他这个父亲无限的喜悦与骄傲，尽管他从未称赞他，也少有时间与他相处，但是他是十分爱他的，也以他为荣。

当他说完了这些话，儿子竟然号啕大哭。他对父亲说，他以为他父亲一点也不在乎他，他觉得人生一点价值都没有，他不喜欢自己，恨自己不能讨父亲的欢心，正准备以自杀来结束痛苦的一生，没想到他父亲的一番言语，打开了心结，也救了他一条性命。这位父亲吓得出了一身冷汗，自己差点失去了独生的儿子而不自知。从此这位上司改变了自己的态度，调整了生活的重心，也重建了亲子关系，加强了儿子对自己的信心。就这样，整个家庭因为一条小小的缎带而彻底改观。送人以缎带，证明你已遗忘了相处中所受的那些委屈和责难，忆起别人给你的快乐和益处。而受你缎带者却更能被你感动，看到你的心灵之美，爱你，助你。学会遗忘，拾起那根缎带送给让你受伤的那个人，他将回报你一片灿烂的阳光。

给自己减负

一个人生活在这个世界上就要面对压力，在某种程度上有压力很有必要，有了压力才能有动力。不过压力太大也会对你的心态产生不良影响，因此你也要随时注意自我减压。

现代人从小到大都得承受巨大的压力。小的时候得承受学业的压力，长大了得承受就业的压力、工作的压力、家庭的压力……这些压力一同加在一个人身上，迫使你就像卓别林在电影中拧机器上的螺丝一样，一刻不停，甚至连眨一下眼睛都是一种奢望。在这样的生存状态下，许多人的愿望可怜到“只想睡一个好觉”。

有一个在外企工作的人，自称是“睁着眼睛睡觉的人”。他说：“别看我每天上下班车来车去的，吃喝用的都上档次、够水平，可谁又知道，我每天晚上担心得只敢闭着一只眼睛睡觉呢。我在一家美资企业做印刷机销售。年初，洋老板给我们每人定的销售额是3000万人民币(幸好不是美元)。能完成的，年终奖励30万元人民币（美元多好）；完不成的，只发11个半月的生活费。开完会出来，我们好几个人的内衣都汗湿了。”

这位老弟的工作压力可谓大矣！一个季度的时间眼看就要结束了，这位老弟却“战果”不佳，他忧心忡忡地说：“不提工作还好，一提工作，让人晕得更快。大学同窗有的开公司，有的出国，眼看一个个富得冒油，而我……工作啊工作！我尽我的一切力量，但你可一定要让我年终闭着双眼睡个踏实觉呀!”看了他的自白，不禁让人心寒。长期这样“睁着眼睛睡觉”，他能顶得住这沉重的压力吗？他实在是应该减减压了。

渴望生活得富足，是人正常的欲望，但不要使这欲望无限地加大。一位美国作家说：“在欲望上加一个屋顶。”他指出：“欲望的屋顶是自我的提醒，一种与自我设定的轻松、非正式、弹性十足的约定，”“能说出‘多未必是好’或‘多并不会带给我快乐’、‘我已经够了’这类的话，是需要一点智慧的。”这位美国人说，实行这个策略，你会有一个美妙的人生，你的生活会很单纯，而且很好处理，你的压力自然减轻了。

那位压力太大的外企员工，应该考虑重新调整一下自己的工作和生活节奏，如果实在完不成定额，就拿那11个半月的生活费好了，实在不行，换个轻松一点的工作又有何不妥！不要因此而承受沉重的心理压力——人总不能为了那30万人民币而永远“睁着眼睛睡觉”。

那么要减压就该先让自己的心态放平一些。

不要一心一意总瞄着那些富得冒油的同窗。每个人的能力、机遇不同，事业的大小自然也不同。不要自己给自己加压，非要做个“超人”、“百万富翁”不可。有一句话说得好：“如果你想真正地垂头丧气，就把自己的目标制定得高不可攀吧!”另外，为自己量身定做一份属于自己的生活进程表，有劳有逸，健康地生活。还要有一个积极乐观的工作态度。面对压力，不要还没干事，就心理压力过大。你只需尽力去做，做成什么成绩，就是什么成绩，但求问心无愧，不必太苛求自己。

最后就是适当的休息和放松，在你感到疲倦之前就休息。短短的一点休息时间，就能有很强的修补能力，即使只打五分钟的瞌睡，也有助于防止疲劳。美国棒球名将康黎·马克说，每次出赛之前如果他不睡一个午觉的话，到第五局就会觉得筋疲力尽了。爱迪生认为他无穷的精力和耐力，都来自他能随时想睡就睡的习惯。80 岁的亨利·福特健康的秘诀是：“能坐下的时候我决不站着，能躺下的时候我决不坐着。”美国陆军抵抗疲劳的办法是：常常休息，照你心脏做事的办法去做。

放松你的情绪。养成放松的好习惯，任何时候你都能够放松，任何地方你也能够放松。你应该先放松你的肌肉，要使自己像孩子一样，完全没有紧张的感觉。随时放松自己，使你的身体“软得像一只旧袜子”。

还有几种良好的工作方法有助于消除疲劳，减轻压力。

第一种：清理你桌上所有的纸张，只留下和你正要处理的问题有关的物品。

第二种：按事情的重要程度来决定处理事情的先后顺序。

第三种：当你碰到问题时，如果必须作决定，就当场解决，不要迟疑不决。

第四种：学会如何组织、分层管理和监督。

只有学会减压，你才能更好地承受压力做出成绩，千万不要只知道给自己制定高要求、高目标，太大的压力只会压垮你。

进门前，请脱去烦恼

唯有有了一个充满欢乐的家庭，一个稳定的大后方，我们才能全力以赴去创造生活，才能干出一番事业来。我们应该意识到，人生真正的幸福是有个幸福的家庭，所以无论在外面遇到多少不如意之事，再怎么劳累，在进家门之前，请为自己换上一副笑容。

在某栋楼的一个楼层电梯口，电梯门开的时候，你会赫然看见一家门上挂了块木牌，上头写着两行字："进门前，请脱去烦恼；回家时，带快乐回来。"

长久凝视，细细玩味，你不禁对这家主人萌生无限感佩。短短的两句话，蕴涵的却是深奥的家庭哲理。

进屋后，果见男女主人一团和气，两个孩子大方有礼，一种看不见却感觉得到的温馨、和谐，满满地充盈着整个屋内。自然问及那方木牌，女主人笑着望向男主人："你说？"

男主人则温柔地瞅着女主人："还是你说，这是你的创意。"

女主人甜蜜地笑道："应该说是我们共同的理念才对。"经过一番推让，女主人轻缓地说："其实也没什么大学问，一开始只是提醒我自己，身为女主人，有责任把这个家经营得更好……而真正的起因，是有一回在电梯镜子里看到一张疲惫、灰暗的脸，一双紧拧的眉毛，下垂的嘴角，烦愁的眼睛……把我自己吓了一大跳，于是我想，当孩子、丈夫面对这样一张面孔时，会有什么感觉？假如我面对的也是这样的面孔，又会有什么反应？接着我想到孩子在餐桌上的沉默、丈夫的冷淡，这些原先认定是他们不对的事实背后，是不是隐藏了另一种我不了解的原因，那真正的原因，竟是我！当时我吓出一身冷汗，为自己的疏忽而后悔，当晚我便和丈夫长谈，第二天就写了一方木牌钉在门上，结果，被提醒的不只是我而是一家人……”

家是心灵的港湾，是享受自己生活的空间，是一个亲情与爱的空间，每个家庭成员的一举一动或一句话、一个表情都直接影响家庭每个成员的心情。如果把家比做是一个存储器，你把欢乐“存”进去，拥有的就是快乐，你如若把烦恼“存”进去，拥有的也就只有烦恼。不要把工作中的压力和在外面的烦恼带回家，让家中只有快乐。

拨开乌云见晴天

尽力能够随时在不可避免的不如意面前释然；在无法弥补的缺失面前释然；在难以挽回的损失面前释然；在种种只能这样不能那样的事情面前释然。也许，当我们学会释然之后会惊喜地发现，曾令我们困苦不已的阴云已经消散。其实，事情原本就不像我们想象的那么糟糕。

每个人都有心情不好的时候，放任不管，心情就会越来越糟。因此，你要多想一些快乐的事，一些积极的事，这样低沉的心就会飞扬起来。

在你的身边，样样都不通，样样都不顺，你就感到心情确实坏透了。

但不通和不顺，来源于何方？不通和不顺，都来自于通和顺。所以说，当你不顺或者不通的时候，你应该高兴了。因为物不可以终通，也当然不可以终不通。假如不顺和不通都出现了，那么，离顺和通已经不远了。

黑暗已经来临，离光明还会远吗？同样道理，不好的心情已经到来，离好心情还会远吗？这个时候，你去洗一个澡，或者去换一套新衣服，或者出游几天，只要你再迈出一步，心情就会好了。

有烦恼不可怕，可怕的是没有认识烦恼的思想和去掉烦恼的方法。

在你心情不好的时候，其实是人生反常的时候。这个时候，也许对正道不利。即或你坚守正道，也得不到任何利益。但你必须坚守正道，等待转机。以人事比做，这个时候，也许是小人得势，君子被斥。

天地闭塞，畅流断，鸟音绝。冰河底层的鱼儿不再浮头，大地上的鸟儿不再飞翔，正直善良的人们噤若寒蝉……

这个时候，不透明的空间里，罂粟花也许开了，玫瑰也许凋谢了，荆棘也许长高了，乔木也许枯萎了。

可这个时候，你要记住——

鱼儿最好不浮头，鸟儿最好不飞翔。

因为，君子在闭塞的状态之下，应当收敛自己的才华，不可炫耀，以避免小人陷害的灾难。不可追求荣华富贵，以避免遭小人妒忌。

当你心情不好的时候，是你回顾自己，检查自己最好的时机。

黑夜来临，你要把灯捻亮；风雨过后，你要把羽翼梳理；身处低迷，你要检点你的真诚、你的包容，以及你的果断、大度，是你走进别人心里的通行证；能在别人心里做客的人，无论顺境逆境，你都会得到抚慰的。这样，便会少有心情糟糕的时候。

已经是黑夜，白天就在眼前。谁没有辗转过黑夜？谁没有跋涉过冬天？只要你宽容，只要你耐心，好心情与欢乐人生，就像朝阳，会在新的一天出现……

当你心情糟糕的时候，要知道欢乐与爱相依相存。要得到欢乐，就要献出自己的爱心。

被马克思称之为“英国唯物主义和整个现代实验科学的真正始祖”的英国思想家培根曾经说过：“其实在没有爱心的地方，熙攘的人群并非伴侣，如流的面孔无非是条画廊，而交口攀谈也不过是铙钹作声。”人类如果没有爱心，那世界将是一片荒野。

要心情舒畅，必须要有友谊。友谊的一个主要作用是宣泄积压的感情，使你心情舒畅。培根说：“除真正的朋友外，世上无任何灵丹妙药可以舒心；只有面对知心朋友，人才可能倾吐其忧伤、欢乐、恐惧、希望、猜疑、忠告，以及压在心头的任何感情，这就像一种教门外的世俗忏悔。”

要有分享者，也要有分忧者。快乐和胜利，需要人来分享，让快乐和胜利更加隆重；痛苦和悲伤，也要人来分忧，让痛苦和悲伤不致深重。

笑给自己听

你是否对自己太过苛刻，习惯用错误惩罚自己？其实，人生本来，烦恼已多，为了保持心的平衡，我们必须给自己一点宽容。所以，请给自己一个理由，让紧绷的神经轻松一下，让疲惫的身心休息一番，让许久不见的笑容再次绽放在你的脸上……笑有很多种，有冷笑、有苦笑、有强颜欢笑、有哈哈大笑、有仰天长笑……但没有一种比它更迷人，那就是——笑给自己听！

花一点时间，想想你今天所做的事，尽量记下做的一些不好的事，如，我不敢相信又把钥匙给丢了、错过电影开始的五分钟、买了一件不需要的东西、忘了买三明治的配料、忘了给朋友打电话、忘了带东西给爱人等。这个时候，你会笑自己吗?

换一个角度，想想看你记不记得这一天当中做了哪些好事。如果你像大多数人一样，就算想起来一两件好事，也没有想到的不如意的事情多，你对自己就过于苛责了，不知不觉中又多了一种负面情绪。

你或许会想："哦，每个人都一样嘛！这是人之常情，没什么大不了的。"没错，不幸的是大多数人都是如此，总是将焦点集中在自己犯的错误上。但这并不能改变什么，而且他们忽略了将错误搁在心里的害处有多大，那样不但会觉得有压力、紧张，还会导致自我防卫过严而冷酷无情。

我们有太多的事要去做，也有太多的错误需要弥补。为了保持平衡，必须给自己一点宽容，接受现实中不完美的一面。如果追求事事皆完美而事实上根本做不到，就会沮丧，会觉得生活无聊透顶，身边的人也会对你敬而远之。

将焦点集中在自己的过错上，很容易深陷小事的烦恼中，认为自己真是一无是处，世界也毫不可爱：我生来只会做错事。负面的思考带来负面的能量，进而产生负面的行为。你会停留在问题、愤怒与不安全的状态中，以后做事会更紧张，也会更吹毛求疵、更自责，也许会更难尽如人意。人有缺点并不可怕，可怕的是因缺点而自卑，因自卑而虐待自己。

当你想到自己做得对的事时，你会将焦点集中在自己好的那一面，你会觉得自己有能力而且潜力无穷，你会多给自己一点机会，容许自己做错事时有改进的空间。

想到自己做得对的事，能让你变成一个更有耐心的人，对你自己或别人都更有耐心，你会想看到人生的积极面，你会知道自己或别人都在尽力而为。总之，接受生活中的不完美，会不再那么紧张、压力过重，好像有人一直跟在身后计分一样。专家的建议是：你在各方面都尽力而为后，就要放手。因为无论你有多努力，都难免会犯一些错误。下次做得不够好的时候，不要严肃地责怪自己：看，你又犯了这毛病，怎么搞得，怎么这么笨，老是学不会，难怪别人不喜欢你！要把责怪转换成笑自己：看你，又以自我为中心了！虽然是很努力了，但下次要更小心点，哈哈！这样是不是会过得快乐一些！

当然，自我快乐的心态不是与生俱来的，是靠后天自觉自愿的磨砺和修炼得到的。这不仅靠个人努力，也靠生活在自己的圈子里的其他人潜移默化的影响。因为每个人都有自己的小圈子，在这个范围内是自己熟悉的事物和人，是自己所谓的“安全区域”。不知不觉中，像一只背着壳的蜗牛，动不动就把脑袋缩回去。

有的人有一种习惯：每天翻阅相同的几份报纸杂志，他们从来不尝试接受任何不同的观点。在一次科学研究中，科研人员对这种人进行了这样的心理测试：他们请一个政治立场众所周知的人阅读一份报纸的社论。社论的开头的观点与他的观点一致。读到一半的时候，观点突然来了一个 180 度的急转弯。通过暗藏的摄像机，科研人员发现这位读者的眼睛突然转向该报纸版面的另一部分。这个思想僵化的读者甚至不愿意了解一个不同的观点，因此，他不可能有笑给自己听的幸运，反而可能让别人笑自己。

生活中也一样，只是接受一种风味的菜肴，便永远也体会不到其他菜肴的美妙之处。有的人想都不想就一口咬定“我这个人口重，喜欢吃味浓的食物”，于是他们在清淡的食品端上来的时候，从来都不会考虑夹一点，尝尝看。他们的心目中就坚信一种观念：只有味道重的东西才好吃，味道清淡的东西不用尝，肯定不好吃。这只能算作是过去经验的一种惯性，而成为真理的可能性太小了。记得一个电视剧中的男主人公说不喜欢吃菠萝，其实只是因为这种水果外表很难看。但是当他有一天吃了处理好的菠萝以后却大声称赞："这是什么水果，给我再来一块！"菠萝味道没有变，只不过他以前不愿尝，吃了后，才知道原来它跟想象中的不一样。

人一旦暗示自己喜欢某种东西，便会努力说服自己放弃其他的东西。可是我们根本就没有去尝一尝，又怎么知道不好呢？所以一个不会变换口味的人不会成为美食大师；一个墨守成规的人永远也不会成为一个好的创造者。

人最好不要总把自己局限在一个固定的圈子里，尤其是对周围的环境和人感到不如意的时候。因为那时候你不可能笑。所以聪明人都会让自己在思维观念上和交际、工作中，保持一颗有弹性的心灵，随时关注、接纳新鲜的血液和力量，由此会发现，笑给自己听绝不是一件难事。

坦然，会让我们的生活更美丽

得意也罢，失意也罢，要坦然地面对生活的苦与乐。假如生活给我们的只是一次又一次的挫折，也没什么的，因为生活并没有夺走我们选择快乐和自由的权利。

"不以得为喜，不以失为忧"，是一种非常良好的心态。这种心态的优势是专注于自己的事情，不因一时得失而忧心忡忡或兴奋狂跳。也不要大喜大悲，那样会使我们失去冷静。

要以一种泰然处之的心态去面对。生活是我们的向导，它能把我们从痛苦中引领出来。在沉重的打击面前，需要有处乱不惊的乐观心态。

冷静而乐观，愉快而坦然。在生活的舞台上，要学会对痛苦微笑，要坦然面对不幸。

任何事情都有它的两面性。成就能给你带来快乐，也可以给你带来烦恼。不要过分地去追求，也不要过分地重视自己的地位，你便会过得坦然而自信。

量子论之父马克斯·普朗克的一生并不是一帆风顺的。中年的时候妻子逝世；在第一次世界大战期间，他的长子卡尔在法国负伤身亡；他的两个孪生女儿也都在生孩子后不久，分别相继去世。

第二次世界大战中，不幸的遭遇又一次降临到普朗克的头上。他的住宅因飞机轰炸而焚毁，他的全部藏书、手稿和几十年的日记，全部化为灰烬。1944 年末，他的次子被认定有密谋暗杀希特勒的"罪行"而被警察逮捕。普朗克虽采取了多方的求助，但依旧没有挽救得了儿子的性命。

对于这些不幸，普朗克说："我们没有权利只得到生活给我们的所有好事，不幸是自然状态……生命的价值是由人们的生活方式来决定的。所以人们一而再、再而三地回到他们的职责上，去工作，去向最亲爱的人表明他们的爱。这爱就像他们自己所愿意体验到的那么多。"

对于自己遭遇的一个又一个的不幸，普朗克都能正确地对待，他没有被这些不幸击倒，也始终没有忘记自己人生的意义。

一个人的坦然，是一种生存的智慧。生活的艺术，是看透了社会人生以后所获得的那份从容、自然和超然。

一个人要能自在自如地生活，心中就需要多一份坦然。笑对人生的人比起在曲折面前悲悲戚戚的人，始终坚信前景美好的人较之脸上常常阴云密布的人，更能得到成功的垂青。

马克·吐温被评论家们称羡为美国最伟大的爱开玩笑的人，他也是美国最伟大的哲学家之一。他从小就已经接触到生活的种种悲剧：他的两个哥哥和一个姐姐，在他年少时相继死去；他的 4 个孩子，在他还活在人世的时候，也都一个个先他而去。他饱尝了生活的苦楚艰辛，可他坚信，如果用欢笑作为止痛剂来减轻苦痛，也能够得到乐趣。我们可以适当地使自己处于超然的地位，来观赏自身痛苦的情景。

在沉重的打击面前，需要有处世不惊的乐观心态，这样就能战胜沮丧，化坎坷崎岖为康庄大道。你可能一时丢掉了原本属于你的东西，或是错过了一次机会，但是，在精神上绝不能失望。冷静而达观，愉快而坦然，是成功的催化剂，是另辟蹊径、迎接胜利的法宝。

无所欲，无所求，只愿有个好的体魄，有个幸福的家庭，衣能蔽体，食能果腹足矣。这是一种超境界的平常心态。

摒弃世俗的偏见，豁达、洒脱，无忧无虑地承受人生百味，争取做到富不狂，贫不悲，宠不荣，辱不惊，真正拥有一种健康、平和的心态，痛痛快快地享受人世间的阳光和温馨。

这个世界上有多少诱惑，就有多少欲望。一个人需要以清醒的心智和从容的步履走过岁月，他的精神中必定不能缺少淡泊。淡泊是一种境界，更是人生的一种追求。虽然，我们每个人都渴望成功，但我们更需要的是一种平平淡淡的生活，一份实实在在的成功。

生活里没有旁观者，每个人都有一个属于自己的位置，每个人也都能找到一种属于自己的精彩。坦然，会让我们的生活美丽而快乐！

第十一辑

柳暗花明又一村
——换个思路你就有出路

“人类失去想象，世界将会怎样？”当你遭遇重重障碍，甚至走进死路，不妨换个思路，或许你就能找到新的出路。要知道，人生只有死路，没有绝路！

牌不能变就变招

有些时候，困难已经成为既定事实，我们无力改变。难道就任随命运的摆布？不，牌不能变，我们可以变招，用一颗积极的心去看待问题，你就能够改变结果。

强者靠自己，弱者靠同情。怨天尤人实在于事无补。怨恨很大程度上是由自卑导致的，人生而不平等，如果只是一味抱怨自己为什么生在一个普通人家里而不是一位高官或富商的子弟，那么他永远也不会有什么出息。一个人平常总会因为自身条件的限制遇到不顺心的事，一味为此生气，不如承认现实，并赌一口气去改变这一现实。

一个小男孩晚上与家人一起玩牌，连续几次抓的牌都很差，结果全输了，于是，他开始抱怨自己手气不佳，运气不好。这时，男孩的母亲突然停止了玩牌，她严肃地对小男孩说："无论你手中的牌怎样，你都必须接受它，并尽最大努力玩好自己的牌！"小男孩望着母亲那严肃认真的面孔，愣了愣神，只听母亲接着说道："人生也是如此，上帝为每个人发牌，你无法选择牌的好坏，但你可以用好的心态去接受现实，并竭尽全力，让手中的牌发挥出最大的威力，获得最好的结果。"

从此以后，小男孩一直牢记着母亲的这番教诲，他不再抱怨自己的命运，而是以良好的心态去迎接人生的每一次挑战。就这样，他从农村默默无闻地走了出来，一步步成为成功者。

这个故事告诉了我们一个道理：越是在逆境之中，越要保持良好的心态，为自己争口气——这是你的唯一出路。福勒是美国路易斯安那州一个黑人佃农七个孩子中的一个。他从5岁时就开始劳动。他在9岁之前，就以赶骡子为生。这并不是什么特殊的事，大多数佃农的孩子都是很早就参加劳动的。这些家庭认为他们的贫穷是命运安排的，因此，他们并不要求改善生活。

小福勒有一点和他的朋友们不同，他有一位不平常的母亲。他的母亲不肯接受这种仅能满足糊口的生活。她时常同福勒谈论她的梦想，她告诉福勒：他们不应该贫穷，他们的贫穷不是由于上帝的缘故，而是因为他父亲从来就没有产生过致富的愿望。这个观念在福勒的心灵深处刻下了深深的烙印。

他决定把经商作为生财的一条捷径，他选定经营肥皂。他挨家挨户推销肥皂达12年之久。后来他获悉供应他肥皂的那个公司即将拍卖出售，可是他的钱远远不够。福勒在他当肥皂商的12年中，获得了许多商人的尊敬和赞赏。现在他去找他们帮忙了。

他用尽了他所知道的一切贷款来源，最后还差1万元。

夜里11点钟，福勒驱车沿芝加哥61号大街驶去。他进了一所亮着光的承包商事务所，他不认识这里的任何人。在他离开那个事务所时，衣袋里已装了1张1万美元的支票。

以后，他不仅在那个肥皂公司，而且在其他七个公司，包括四个化妆公司、一个袜类贸易公司、一个标签公司和一个报馆，都获得了控股权。

在采访他时，他告诉了人们他母亲说的话，他们贫穷，不是因为上帝，是因为他们从没有产生过致富的愿望，他们不应该贫穷，他们可以改变自己的处境。是的，我们改变不了出身，但可以改变现状，改变我们的命运。

俗话说，事在人为。只要现在就改变我们的认知和做法，所有的不如意就会一扫而空。扭转人生的第一步，就在于抛开一切负面消极的想法，积极地面对现在的处境，并用自己的努力改变它。

大象的锁链

那些过分迷信于自己的能力和判断、固守教条的人，最后往往难逃厄运。

今时今日，人们口中提到最多的词语就是“变通”。的确，世界在变，一切都要跟着变。新世纪是知识经济的世纪，是一日千里的信息时代，在大时代背景下，生存竞争愈演愈烈，一个人如果想在新世纪立足，就必须拥有变通精神，否则等待你的必将是淘汰、是死亡！

一个小孩在看完马戏团精彩的表演后，随父亲到帐篷外拿干草喂表演结束的明星马匹。

小孩注意到一旁的大象群，问父亲：“爸，大象那么有力，为什么它们的脚上只系着一条小小的铁链，难道它无法挣开那条铁链逃脱吗?”

父亲笑了笑，耐心地为孩子解释：“没错，大象挣不开那条细细的铁链。在大象还小的时候，训练师就是用这样的铁链来系住小象，那时候的小象力气还不够大，小象起初也想挣开铁链的束缚，可是试过几次之后，知道自己的力气不足以挣开铁链，就放弃了挣脱的念头。等小象长成大象后，便甘受那条铁链的限制，不再想逃脱了。”

正当父亲解说之际，马戏团里失火了，大火顺着草料、帐篷等物蔓延，燃烧得十分迅速，很快蔓延到了动物的休息区。动物们受火势所逼，十分焦躁不安，而大象更是频频跺脚，但仍然挣不开脚上的铁链。

猛烈的火势渐渐接近大象，只见一头大象即将被火烧着，它在灼痛之时，猛然一抬脚，竟轻松地将脚上的铁链挣断，迅速奔逃至安全的地带。

其他的大象，有一两只见同伴挣断铁链逃脱，立刻模仿它的动作，也用力挣断铁链逃生了。但其余的大象却不肯去尝试，只知不断地转圈跺脚，最终无一幸存。

很多人就是无法挣脱旧俗的束缚，或许你必须耐心静候生命中的一场大火，逼着你非得选择挣断铁链或甘心遭受大火焚烧。也许你会幸运地选择前者，在挣脱困境之后，语重心长地告诫后人，一个人必须经苦难磨炼才能得以成长。

殊不知，你还有另一种选择——你不必等到大火降临，你可以当机立断，拿得起放得下，运用我们内在的毅力，立即挣开消极习惯的捆绑，改变自己所处的环境，积极投入到另一个崭新的领域中，使自己的潜能得到充分发挥。

如果你是大象，你是静待生命中的大火，甚至甘心遭受它的席卷，甘愿低头认命，还是立即在心境上挣开环境的束缚，获得追求成功的自由呢？不能转变心态的人，便不能挣脱心理的枷锁，不能摆脱固有的生活模式，即使生活在天堂中，仍然可能有生活在地狱的感觉。

美国著名管理大师彼得·杜拉克曾经说过："不创新，就死亡！"所谓创新，就是一种有建设性的变通。近年来，宣布破产的企业老总比比皆是，原因也是各种各样，其中很重要的一条就是不懂创新。

竞争于人而言，基本是平等的。社会环境宛如一条不断流淌的河流，时时都在动、都在变化。眼前的成功只是暂时的，任何成功的经验都不是一成不变的，你要想时刻处于成功的位置，就必须不停地否定自己，时刻督促自己进行变化、进行创新，否则后果将不堪设想。

只有死路，没有绝路

懂得绕道而行的人，往往是最先到达目的地的人。因为他们善于想人所未想，做人所未做，在人们的眼力之外，另外看到一条路。这种高度智慧的做法，并不是随大流的人所能想到的。

世间的路分为直路和弯路两种，毫无疑问，人们都愿意走直路，因为直路平坦，离目标又近；相反，没有人愿意去走弯路，因为弯路曲折艰险。但很多时候直路未必好走，绕道而行、迂回前进却可以让你更快速地到达目的地。

譬如我们打车去机场，为了赶时间，我们往往会要求司机："尽快赶到飞机场!"有时，司机会问我们"先生，您是要走最近的路还是最快的路?"这时我们或许会被弄糊涂——"最近的路不就是最快的路吗?"司机会摇摇头，告诉你："不，最近的是直路，但常常会堵车，绕弯的路虽然远点，却可以最快到达飞机场!"

有这样一个故事：

一位留学法国的计算机博士，毕业后在法国找工作，结果接连碰壁，许多家公司都将这位博士拒之门外。这样高的学历，这样吃香的专业，为什么找不到一份工作呢？万般无奈之下，这位博士决定换一种方法试试。

他收起了所有的学位证明，以一种最低的身份去求职。不久他就被一家电脑公司录用，做一名最基层的程序录入员。这是一份稍有学历的人都不愿去干的工作，而这位博士却干得兢兢业业、一丝不苟。没过多久，他的上司就发现了他的出众才华：他居然能看出程序中的错误，这绝非一般录入人员所能比的。这时他亮出了自己的学士证书，老板于是给他调换了一个与本科毕业生对口的工作。过了一段时间，老板又发现他在新的岗位上游刃有余，还能提出不少有价值的建议，这比一般大学生高明，这时他才亮出自己的硕士身份，老板又提升了他。

有了前两次的经验，老板也比较注意观察他，发现他还是比硕士有水平，对专业知识的广度与深度都非常人可及，就再次找他谈话。这时他才拿出博士学位证书，并叙述了自己这样做的原因。此时，老板才恍然大悟，并毫不犹豫地重用了他，因为老板对他的学识、能力和敬业精神早已了解了。

人生如攀登，为了登上山顶，需要避开悬崖，避开峭壁，迂回前进，这样看似乎与原来的目标背道而驰，可实际上仍然是通向山顶，而且还节省了许多的时间。

绕路而行对解决一些堵塞通常很有效。比如当你用一种方法思考一个问题和从事一件事情，如果遇到思路被堵塞之时，不妨另用他法，换个角度去思索，换种方法去重做，也许你就会茅塞顿开，豁然开朗，有种“山重水复疑无路，柳暗花明又一村”的感觉。

在一次大学生篮球锦标赛上，老对手 A 队和 B 队相遇。当比赛只剩下 5 秒钟时，A 队以 2 分优势领先，一般来说已稳操胜券，但是，那次锦标赛采用的是循环制，A 队必须赢球超过 5 分才能取胜。可要用仅剩下的 5 秒钟再赢 3 分绝非易事。

这时，A 队的教练突然请求暂停。当时许多人认为 A 队大势已去，被淘汰是不可避免的，该队教练即使有回天之力，也很难力挽狂澜。然而等到暂停结束比赛继续进行时，球场上出现了一件令众人意想不到的事情：只见 A 队拿球的队员突然运球向自家篮下跑去，并迅速起跳投篮，球应声入网。这时，全场观众目瞪口呆，而全场比赛结束的时间到了。但是，当裁判员宣布双方打成平局需要加时赛时，大家才恍然大悟。A 队这一出人意料之举，为自己创造了一次起死回生的机会。加时赛的结果是 A 队赢了 6 分，如愿以偿地出线了。

如果 A 队坚持以常规打完全场比赛，是绝对无法获得真正的胜利的，而往自家篮下投球这一招，颇有迂回前进之妙。在一般情况下，按常规办事并不错，但是，当常规已经不适应变化了的新情况时，就应解放思想，打破常规，善于创新，另辟蹊径。只有这样，才可能化腐朽为神奇，在似乎绝望的困境中寻找到希望，创造出新的生机，取得出人意料的胜利。

当我们在生活中遇到走到路的尽头，无路可走的情况时，回过头来，绕道而行便可以找到一条新路了，所以世上只有死路，没有绝路。而我们之所以会往往感到面对“绝路”，那是因为我们自己把路走绝了，或者说我们的思路狭隘，缺乏了“绕道”的意识。

少有人走的路

人对自己的人生之路进行重新选择时，应该具有超前意识，也就是说，这种选择应该是以对社会的发展趋势的正确判断和准确把握为前提，而不应是盲目的，这样，你才能保证重新选择的正确性。不随大流，走自己选择的冷僻路，是一条充满荆棘与鲜花的刺激之旅。要么跌得很惨，要么掌声雷动。但可以肯定的是，在这个过程中你是要付出很多的。但只要你有胆识，能坚持，你就可以获得无比辉煌的成功。

每一条“阳关道”上都挤满了盲目的人群，因此，这些“阳关道”有时并不好走，甚至还有摔倒或被挤出队伍的危险。“独木桥”虽然狭窄，但由于是一个人走，所以难度大大降低，“独木桥”也就成了“阳关道”。

有一次，公司请一位商界奇才作报告，大家非常希望能听他谈谈成功之道，以对自己的发展有所帮助。

但他只是说：“还是出一道题考考你们吧。”

“某地发现了一处金矿，于是人们一窝蜂似的拥去开采。然而，一条大河挡住了必经之道，如果是你，你会怎么办？”

“绕道走，就是费点时间。”有人说。

“干脆游过去。”

但是他却含笑不语，等人们议论声过后，他开口了：“为什么非得去淘金？为什么不可以买一条船开展营运？”

全场愕然。

淘金确实是条“阳关道”，淘到了金子你就可以发大财，这样的好事谁不愿意去做。但淘金的人太多了，这条路就可能变成“独木桥”，为了金子动手、动口、动刀、动枪，这都不是什么稀罕事，所以你何不试试走“独木桥”呢？渡船是小本买卖，本来不会有多少利润，但因为只有你在做，所以你就占据了优势。

生活中，我们总是盯着“阳关道”，跟别人互相推着、挤着，结果很多时候弄得头破血流，却还是一无所获，但如果你能试着重新选择一条人生之路，也许会走得更顺畅。

那一年，张野第三次高考落榜，这一次，他拒绝了父母让他再复读的建议，决定去做点别的。张野的父母都是知识分子，他的哥哥姐姐也都考上了大学，父母觉得一个人如果上不了大学，那他就永远也不能出人头地，因此张野的想法在家里引起了轩然大波。没有理会家人的反对，张野开始了自己的创业历程，他相信成功的路不止一条，自己没必要非往高考的窄门挤。张野试过很多工作：卖服装，开报刊亭，办搬家公司……但都没有成功。10 年后的夏天，他在某报纸上看到了一则诚招加盟某高级干洗连锁店的广告，经过分析，他认为前景不错，便果断地投入了资金办起一间连锁店。三年过去了，张野的生意越做越大，手下已经拥有7间分店，并被当地评为十大杰出青年，他的父亲感叹地说："真没想到，这小子走'独木桥'竟然走出了名堂!"

张野在第三次落榜后，就决定放弃自己的大学梦，另闯一条适合自己的路，这绝不是意气用事，而是在人生路口上从另一种思路出发做出的新选择。但是，值得说明的是，这种选择并不是以消极的或者被动的方式进行的：像有的人那样，一旦在自己的人生路上遇到点挫折和坎坷，不是沉沦消极，怨天尤人，就是不思进取，自暴自弃。而是以一种"山重水复疑无路，柳暗花明又一村"的乐观，通脱豁达的人生态度，独辟蹊径，走向人生的另一境界。

当然，做到这一点，一是要有相当坚强的意志和良好的心理素质，二是要有相当程度的自信心，三是要有在人生关键时刻敢于重新选择自己命运的勇气和魄力。三者缺一不可。因为，如果没有坚强的意志和良好的心理素质，就不能正确对待经过多次努力后的失败，就不能承受这种比摧毁人的肉体更具杀伤力的对人的心理和精神的摧毁；没有对自己相当程度的自信心，就不能在挫折和坎坷中重新站起来，并且一直走下去，更不会有在人生的关键时刻放弃大家都走的路，而重新选择属于自己的出路的勇气和魄力。

当然，做到这一点在不同的条件下具有不同的意义。比如，当社会为个人的重新选择提供了某些新选择的愿望和意向时，人的重新选择就容易得多。这就是我们经常说的时势造英雄。时势一般指时代形势处于变化多端，社会环境处于大动荡大变革时期的社会环境，这种环境实际上等于给一切具有英雄气概的人提供了一个施展才华并且成为英雄的机遇，也就是说，这是一个需要英雄而且必将产生英雄的时代。如曹操的脱颖而出在相当程度上就是时代需要和他个人的努力相一致的结果。但是，如果社会并没有为英雄的产生提供条件，或者社会正处于相对平稳的发展时期，这时，人们的思想意识也自然会处于相对平稳状态，这时英雄的产生就比较困难。特别是，当一个人的选择与时代的要求和同时代人的选择相左时，这种选择不但不会为时代所容纳和承认，同时也会遇到来自各方面的阻力。

张野无疑属于后者，这也从反面证实了在正确的方法下勇于放弃和选择的做人思路。在张野的父母看来，考上大学是一个人在社会立足的唯一办法，但张野却没有按照家庭给他规划好的路线走下去，而是义无反顾地对他的人生进行了重新选择——放弃可能让他一步登天的高考，选择了一条艰难的创业之路。

实践证明，张野的选择不但显示出他过人的胆识和魄力，而且也说明，人的价值的实现途径是多样的，关键是你能否正确地对待自己，客观地估价自己。一个人只有正确而客观地对待和估价自己，他才能够面对现实对自己的人生之路做出正确的选择。

变则通，通则达

路从何而来？就是从没路的地方踏出来的，从只有荆棘的地方开辟出来的。做人不一定要有很多学问，但一定要学会变通。面对人生的重大选择，我们需要摆脱习惯的束缚，但要摆脱这副无形的枷锁并不容易，它不仅需要你拥有超常的决心和勇气，更需要你具备过人的眼光和胆识！

这个世界上唯一不变的就是变化。变则通，通则达。特别在竞争激烈的今天，我们要想突破困境，脱颖而出，就要学会随着环境不断变化。

懂得变通的人通常都具有非同寻常的思维，他们不会局限于某一条件，敢于挑战旧传统，由此可能会发现突变的趋势。因此可以说，变通不是来自天生杰出的个人，而是需要以全新的思维思考世界——特殊的思维能够发现成功的契机。

孙膑初到魏国时，魏王要考察一下他的本事。一天，魏王召集众臣，当面考察孙膑的智谋。

魏王对孙膑说："你有办法能让我从座位上下来吗？"

庞涓出谋说："可在大王座位下边生起火来。"

魏王说："不可取。"

孙膑捻捻胡须，道："大王坐在上边嘛，我是没有办法让大王下来的。"

魏王问："那你怎么办？"

孙膑道："如果大王在下边，我却有办法让大王坐上去。"

魏王得意扬扬地说："那好，就从座位上走了下来，我倒要看看，你有什么办法能让我坐上去。"

群臣一时没有反应过来，哄笑孙膑无能。忽然，孙膑哈哈大笑起来，说道："我虽然无法让大王坐上去，却已经让大王从座位上下来了。"

这时，众人才恍然大悟，皆对孙膑的才华连连称赞。

事情并不是一成不变的，有时事情看似无法，但只要换个角度，另辟蹊径，就完全可以找到突破的方法。事实上，一个人要想将"不可能"变为"可能"，"变通"是必不可少的条件之一。科学家曾做过一个实验：

将 4 只猴子关在一个密闭的房间里，每天喂很少食物，让猴子饿得吱吱叫。数天后，实验者在房间上面的小洞放下一串香蕉时，一只饿得头晕眼花的大猴子一个箭步冲向前，可是当它还没拿到香蕉时，就被预设机关所泼出的水淋得全身湿透，当后面三只猴子依次爬上去拿香蕉时，一样被水淋湿。于是猴子们只好望“蕉”兴叹。

又过了几天，实验者换进一只新猴子进入房内，当新猴子肚子饿得也想尝试爬上去吃香蕉时，立刻被其他 3 只猴子制止，并告知有危险，千万不可尝试。实验者再换一只猴子进入，当这只猴子想吃香蕉时，有趣的事情发生了，这次不但剩下的两只老猴制止它，连没被水淋过的半新猴子也极力阻止它。

实验继续，当所有的猴子都已换过之后，仍没有一只猴子敢去碰香蕉。上头的喷水机关虽然取消了，而喷水浇注的“组织惯性”束缚着进入笼子的每一只猴子，使它们对唾手可得的盘中美餐——香蕉，奉若神明，谁也不敢前去享用。

这是群体惯性形成的过程。在变幻莫测的社会环境中，一个人要想赢得竞争优势，就必须学会随着时代的发展变化而迅速调整，否则只能像故事中的猴子那样，在昨天的教训上平白失掉明天的机会。

然而，很多人依旧固守着昨日的经验不放，不思变通，一条路走到黑，结果，由于一成不变，昔日的经验逐渐蜕变为束缚自己的惯性，成为个人发展道路上的羁绊。

其实在这个世界上，从来没有绝对的失败，有时候只要调整一下思路，转换一个视角，失败就会变成成功。一个聪明的人，不会总在一个层次做固定思考，他们知道很多事情都是多面体，如果你在一个方向碰了壁，那也不要紧，换个角度你就会走向成功。

先知迂直之计者胜

思维定式使我们机械地套用以往经验，受了经验和偏见的影响，不能对经验进行改造和创新。人们总是跳不出思维定式，它甚至让一切最大胆的幻想都打上了个人经验的偏见。

在思考问题时，人们总是死抱着正面进攻的方法，一味蛮干，这样做虽然很多时候也能成功，但却要花费你很大的力气，有时甚至会得不偿失。所以，我们就要跳出这个思维定式，采用迂回战术，运用侧向思维，用意想不到的办法，常常会轻而易举地获得成功。

《空城计》中，孔明被曹兵围困，身边别无大将，只有一班文官，在城中。众官听到这个消息，尽皆失色。孔明传令众将，旌旗竟皆藏匿，诸军各收城铺。孔明命人打开城门，每一门用上20军士，扮作百姓，洒扫街道。而孔明披鹤氅，戴纶巾，引二小童，携琴一张，于城上敌楼前，凭栏而坐，焚香操琴。马司懿来到城下，见到诸葛亮焚香操琴，笑容可掬。司马懿吓坏了，立即叫后军作前军，前军作后军，急速退去。司马懿之子问：莫非诸葛亮无军，故作此态，父亲何故退兵？司马懿说："亮平生谨慎，不曾弄险，今大开城门，必有埋伏。我兵若进，中其计也。"孔明见魏军退去，抚掌而笑，众官无不骇然。诸葛亮说：司马懿料吾平生谨慎，不曾弄险，见如此模样，疑有伏兵，所以退去。吾非行险，盖因不得已而用之。我们兵只有2500，若弃城而去，必为之所擒。

侧向思维的关键是能否摆脱他人常规的思维方式或习惯思维（思维定式）的束缚，换一种新的观察角度去思维的途径，主动寻求"柳暗花明又一村”。

有一个故事讲一人想过河，便大声问道：“哪位船老大会游泳？”话音刚落，好几个船老大围了过来，只有一位没有过来，他便问那人：“你水性好吗？”“对不起，我不会游泳！”“好，我坐你的船！”人们要问，为什么偏选不会游泳的船老大呢？原来，他运用了侧向思维，船老大不会游泳，必然会小心划船，比较安全。

侧向思维一般在下述两种情况下常用：第一种情况是实现目标的途径相当明确，原有各种思维方式、思路、方法均可达到既定目标，但由于人的习惯思维，尽管原方法有优有劣，但往往总是死抱住一条路不变，在这种情况下就必须果断寻找新途径。例如要剪一块圆纸板，通常先在纸板上画出一个相应直径的圆，再用剪刀仔细剪下，花费时间较长。有同学想到用圆规画圆，把圆规的笔尖改装为小刀片，则成为一个很好的切圆片专用工具，不同方法解决了同一问题，还节省了时间。第二种情况更为多用，为解决某一问题孜孜以求，朝思暮想，但按常规方法却难以完美解决，这时不妨转换一下思路，从与自己研究无关的领域中寻找解决的方法，或者请“外行”来参谋、出点子，或许很容易就能解决问题。例如，大家比较熟悉的鲁班发明锯、莫尔斯发明电报就是这种思维的典范。

《孙子兵法》说：“先知迂直之计者胜。”所谓迂直之计，就是要懂得迂与直的侧向思维。这个谋略表面上是迂回曲折的道路，而实际上却更有效、更迅速地为获利创造条件。

秦朝末年，政治腐败，群雄并起，纷纷反秦。刘邦的部队首先进入关中，攻进咸阳。势力强大的项羽进入关中后，逼迫刘邦退出关中。鸿门宴上，刘邦险些丧命。刘邦此次脱险后，只得率部队退驻汉中。为了麻痹项羽，刘邦退走时，将汉中通往关中的栈道全部烧毁，表示不再返回关中。其实刘邦一天也没有忘记一定要击败项羽，争夺天下。公元前

206 年，已逐步强大起来的刘邦，派大将军韩信出兵东征。出征之前，韩信派了许多士兵去修复已被烧毁的栈道，摆出要从原路杀回的架势。关中守军闻讯，密切注视修复栈道的进展情况，并派主力部队在这条路线各个关口要塞加紧防范，阻拦汉军进攻。韩信“明修栈道”的行动，果然奏效，由于吸引了敌军注意力，把敌军的主力引诱到了栈道一线，韩信立即派大军绕道到陈仓发动突然袭击，一举打败章邯，平定三秦，为刘邦统一中原迈出了决定性的一步。

一般来说，人们的常规思维方式是讲求“抢人之先”“先发制人”“争上制高点”，谓之抢先一步天地宽。但是如果随大流地去争去抢，往往会出现千军万马过“独木桥”的情况，所以在特定时期，特殊条件下，限于自身的实力，采用侧向思维方式，避敌锋芒，潜心默学，克己之短，取人之长，以期获得成功亦不失为一条妙招。

别再说 “不可能”

观念给我们在思考问题时带来倾向性，解决一般问题的时候可以起到“驾轻就熟”的积极作用，但是很多时候它也是一种障碍、一种束缚。所以，如果我们想让自己更成功，就要摆脱固定的思维模式，不断提出解决问题的新观念，你会发现一切皆有可能。

在会做事者的字典里，从来就没有“不可能”这三个字，当别人都认为遇到绝境时，他们却能找到突破的方法，这就是思考问题方式不同所造成的区别。思考问题时，我们应该摆脱惯性思维的限制，不去预设立场，然后你就会发现，“不可能”之中往往隐藏着宝贵的机会。

大多时候，人们往往会受到思维定式的限制，一旦碰到用现有方法解决不了的事情，就认为这件事不可能成功了，其实只要你能突破这种惯性思维，你就会知道世界上根本没有所谓的不可能。

在我们被关在思维定式的笼子中时，很多事情我们不敢去尝试，进而认为它是不可能完成的任务，因为跳不出思维的笼子，所以我们永远也得不到生命中的“甜果”。其实很多看似不可能的事情，只要打开思路，你就可以获得成功。

在美国的某个州，那天，阳光灿烂，万里无云。人们都享受着大自然给人类的无私奉献。这时，远方的林场处传来一种很奇怪的声音，人们向远方眺望，火光冲天，人们进入了紧张的火灾救援之中……

经过几天的努力，大火终于被扑灭了。林场主望着大火后的景象，看着一排排往日的树木被大火变成的焦木，再也没有往日的风彩，失魂落魄，痛不欲生，损失太大了。

为了生存，他来到镇上，购买一些生活用品，他突然发现镇上的人们都在购买木炭。原来这个镇上的人们都在用木炭取暖。林场主笑了，他看到了生机。

回来后，他叫来所有工人开始紧张地工作，他把所有的焦木都变成了木炭。不但夺回了损失，还大赚了一笔。

对于成功的见地，人们可谓各怀已见，想法亦各有千秋。有人认为，成功源于勤奋；有人认为成功得益于家庭背景；有人认为性格决定成败……不错，各家所云都是决定成功的因素之一，本书同样也有自己的见解——想成功就一定要用对方法。方法正确，成功不远矣；方法有误，则极有可能“误入歧途”，距离成功反而越来越远。

古人云“水不可逆流”，但事实上，如今仅用一台水泵就能够将“不可”变为“可”。我们所认为“不可能”的事情，只要找对解决方法，就一切皆有“可能”。